生き物の環境科学

河内俊英

海鳥社

まえがき

　生命の誕生から40億年の間に、誕生した生物種の99％以上が絶滅したと言われている。生物の大量絶滅は、過去にも自然現象によって起きていて、現在は第6の大量絶滅と呼ばれている。その絶滅の原因は、人間活動の影響によって起きているものであり、絶滅スピードは、自然状態と比べて2ケタから3ケタも早いと言われている。人間の消費によって、この40年間で動物の半数が失われたのである。

　生物の大量絶滅は、人類の絶滅に自ら直接・間接に関わっていることなのである。しかし、その事実を大部分の人は、全く知らずにいるのである。この40年で世界の野生生物数の52％が消滅しておりその大部分が、食料および衣料品などの人間の消費にからんで失われたものである。

　この生物種の減少傾向は全くブレーキがかかっておらず、過去20年でヨーロッパ大陸の鳥類の21％が消滅し、特に大きな影響を受けているのは、身近なスズメ、ムクドリ、ヒバリ、ウグイスなどである。現在哺乳類の4分の1、鳥類の9分の1など、全生物の4分の1が絶滅の危機にある。全生物約2000万種のうち毎日100〜300種の生物が絶滅している。この絶滅速度は、過去の絶滅速度の数万倍である。その原因の大きな部分は、熱帯林の伐採によるものである。熱帯林には地球上の生物種の40％以上が存在していると言われるが、熱帯林とともに絶滅の危機にある。

　熱帯林の減少は、生物種の減少とともに、地球の肺を失うことにもなると言われているが、あまり重大な問題とは認識されておらず、プランテーションの拡大がすすんでいる。地球の肺を失うことは、温暖化問題の面からも重大である。地球温暖化の危機としては、脆弱な生態系である高山やサンゴ礁でとりかえしのつかない影響が起きる懸念があり、すでにサンゴ

の白化が起きている。

　21世紀は、環境の世紀と言われているが、我々の身の回りでは景気の問題が突出して話題になり、多くの国民の関心は景気にあるようだ。しかし、物質的な豊かさが、我々の心をどれだけ豊かにしてくれるだろうか、「足るを知るものは富む」心が必要であろう。景気問題に気を取られ、環境がおろそかにされている面があるように思われる。それは21世紀に入り、米国・日本では「新自由主義」がかかげられ富の配分が偏り、1％のヒトに富が集中し、99％のヒトへの配分が減少しているのである。その結果として、99％の人々には、環境に配慮する余裕がなくなってきているようである。しかも先進国における環境問題は、ただちには健康被害や生命にかかわるような、かつての公害ほどの急性毒性のある汚染は見られず、ジワジワと子どもができない人が増加し、アルツハイマーのように脳に異常が起きる、ガンが増加するなどの被害を起こすのである。

　わが国では福島の原発事故を教訓として、原発に依存した電力から再生可能エネルギーへ転換するチャンスの時期といえよう。ところが政府は、ずるずると原発再稼動へと世論を引っ張り、大企業はそれを望んでいるのである。せっかく設備投資した原発で、もっと稼がなくてはという金儲けが前面に出ており、すでに崩れた「原発の電気は安く、再生可能エネルギーは高い」、「原発なしには安定的に電力を供給出来ない」という呪文を押し付けているのである。しかし、発電後に出る核廃棄物の安全な処理処分は、全く見通しがたたないのが世界の現実である。その部分を無視して、さらに核廃棄物を増やす政策は、止めなくてはならない。日本に原発を持ち込んだ米国では、すでに原発の廃炉が急速に進んでおり、その理由として「危険で発電コストが高い」ことをあげている。日本の経済発展の恩恵を受けてきた団塊世代は、その背後にある負の遺産を自分達の責任で処理し次世代の子や孫に負の部分を残さないようにすべきである。

　世界的に見て、「食料、エネルギー、水」を他国に依存してしていては、国の独立が保てないことは常識である。現状ではエネルギーの大部分を輸

入に頼り、食料の自給も50%を割り込んでいる。再生可能エネルギーへの転換によって、エネルギーの海外依存から脱却できることは明らかであるが、エネルギー自給の転換のチャンスを躊躇しているのである。また食料自給率を高める政策とは逆に、TPPにより自給率を10パーセント台に落とそうとしている。この代償は極く一部の大企業の利益との引き換えなのである。TPPは食料だけでなく、20世紀から今日まで国民が貯めてきた富と、国民皆保険という世界に誇れる制度を失わせる懸念がある。

かつて話題になった環境ホルモンや電磁波、ネオニコチノイド系農薬の問題は、日本ではあたかも「から騒ぎ」だったように思わされている。しかし、、不妊に悩む夫婦が10パーセントにもなることや10パーセント近い子ども達に異常が出てきているし、アルツハイマーやガンの増加などの事実との関連が疑われているのである。

自分で自分の身の振り方を決定し、行動する場面が出てきたときに、知識のあるなしで、答えが大きく違うし、生命にかかわる場合もある。その時に「どの情報が正しいのか、間違っているのか」を判断する材料として、「見たり聞いたりしたことがある」ことが役立つであろう、本書ではそのような知識を取り上げた。

最後に、本書の出版にあたり、原稿を渡すのが遅くなったにもかかわらず、出版にこぎつけられたのは、海鳥社の西俊明氏のおかげである。ここに記してお礼申し上げる。

2015年4月15日

河内俊英

生き物の環境科学●目次

まえがき　3

第1章　個体群の生態学

1.1　個体群の生態学……………………………………………………17
　1.1.1　個体数の増殖と変動　17
　　個体数の増殖　17／個体数の変動　18／個体群の成長　18
　1.1.2　ヒト個体群の成長と特殊性　20
　1.1.3　ヒトの人口爆発　25
　　人口爆発　25／人口増加している国　26
　　モノカルチャーが人口を増やす　27

1.2　動物の大発生………………………………………………………28
　　トビイロウンカ　31／捕食者除去の影響　32

1.3　多様な生物の相互関係——その1 ……………………………33
　1.3.1　個体群の相互関係　33
　　密度効果　34／生物的条件付け　34／なわばり制　35
　　なわばりのタイプ　35
　1.3.2　種間競争　36
　　棲み分け　37／近縁種の共存　38／食性の分化による共存　38
　　餌配分の分化　39／種間競争の一種としての抗生物資　40

1.4　生態系における物質とエネルギーの循環………………………40
　1.4.1.　生態系の構造と機能　40

1.5　多様な生物の相互関係——その2 ……………………………42
　1.5.1　エネルギーの流れと食物連鎖　42
　1.5.2　食うものと食われるもの（捕食・寄生関係）　44
　　捕食者　44／捕食寄生者(parasitoid)　44／真性寄生者(parasite)　44

1.5.3 捕食者から身を守る方法　45
　　カムフラージュ　45／警告色　46／擬態　46
1.5.4 動物のコミュニケーション　47
　　動物の情報伝達法　47／においによる情報伝達　48
　　音声による伝達　49／視覚による情報伝達　52

第2章　食糧自給と人口

2.1 日本の自給率の低下と食の欧米化 …………………………… 54
　食の欧米化と自給率の関係　56
　肉食が飢餓人口を増加させ水の枯渇をまねく　58
　肉食化する中国　60／肉食と森林破壊　61／食糧安保　62

2.2 ＴＰＰは日本を滅ぼす …………………………………………… 63
2.2.1 ＴＰＰとはどのようなものか　63
　　ＴＰＰのプラス面とは　64／心配されるマイナス面　64
　　農業におけるデメリット　66
　　急いで譲歩を繰り返した安倍政権　67／その他の懸念　68
　　まとめ　69

2.3 日本の食品廃棄問題 …………………………………………… 70
2.3.1 食品廃棄問題　70
　　個人で実行できる方法　71／年間廃棄食糧　72
　　世界的な廃棄食品問題　72／食品ロス　73
2.3.2 昆虫が食糧危機を救う　74

2.4 クラインガルテン（家庭菜園）は日本の自給率をアップする …… 76
2.4.1 ドイツのクラインガルテンから学ぶ　76
　　クラインガルテンはコミュニティ形成の場に　77
　　市民農園は人の健康と生物多様性を高める緑地の一部に　77
2.4.2 市民農園で自給率アップをはかる　78

市民農園は自給率アップをはかる場にしよう　79
　　生ごみ堆肥で「元気野菜づくり」の実践　79

第3章　生物多様性

3.1　多様性とは　…………………………………………………………………… 82
　　種内の多様性　82／種間の多様性　83／生態系の多様性　83
　3.1.1　生物の種の多様性はなぜ重要なのか　84
　3.1.2　外来種の侵入　85
　3.1.3　日本の生物多様性における3つの課題　88

3.2　自然環境 …………………………………………………………………………… 89
　3.2.1　里山・雑木林の価値　90
　3.2.2　コウノトリの絶滅と再生　92
　　コウノトリ田んぼからさらに水田のビオトープ拡大　93
　　耕作放棄地を湿地として再生　94

3.3　環境と農業 ……………………………………………………………………… 94
　3.3.1　農業による環境破壊　95
　3.3.2　農業と環境保全　96
　　日本の気候風土の特徴にあわせた水田農業　96
　　水田の洪水防止機能　97／水田はビオトープ　99
　　水田の多様な生物相　99
　3.3.3　多様な植物の繁茂する牧草地に助成金　102
　　ドイツの農地に対する直接払いによる助成金　102
　　農は楽しみで残る　103

第4章　森林生態系

4.1　森林と生態系 ……………………………………………………………………… 105
　　森林の生物多様性　105

4.1.1　環境資源としての森林　107
　　森林のもつ公益的機能　107／森林の温度調節機能　108
　　酸素の供給と二酸化炭素の吸収・固定　110／名水と森林　110
4.1.2　各種の防災機能　115
　　緑のダム機能　115／防風効果　116／魚付き林　117
4.1.3　健康と森林——森林浴　118
　　森林セラピー　119

第5章　環境破壊と砂漠化

5.1　環境破壊のパターン　121
　　先進国型　121／新興工業国型（経済発展に伴う環境破壊）　121
　　後発途上国型（貧困と生活苦に由来する環境破壊）　122
　　社会主義国型　122

5.2　資源採掘がもたらす環境破壊　123

5.3　資本主義による破壊と社会主義による破壊　125
　　フィリピンの熱帯林の破壊：典型的な資本主義による破壊　125
　　中国の森林破壊：社会主義による破壊　125
　　エネルギー効率の悪いアメリカ農業　126

5.4　地球の砂漠化　127
　　砂漠化の現状と防止　128／過度な放牧と降雨依存型農業　130
　　灌漑農業と塩害　131／森林の減少と薪の不足　131
　　砂漠化を防止するために　132

5.5　砂漠の国アメリカに食料依存して大丈夫か　133

第6章　エネルギーと環境

6.1　エネルギー政策を考える　136

6.1.1　デンマークのエネルギー政策から学ぶこと　136
　　　過激なエネルギー政策　137／エネルギー税　138
　　　自然エネルギーの拡大　139

6.2　日本のエネルギーを考える　139
　　　日本のエネルギー政策の問題点　139
　　　長期的エネルギーの見通し　140／環境とエネルギー　142
　　　自然エネルギー（再生可能エネルギー）　144／太陽光発電　145
　　　風力発電　145／バイオマスを利用した発電　146
　　　日本のバイオガス　148／コジェネレーション　150

第7章　生物時計

7.1　体内時計　152
　　　視交叉上核（ＳＣＮ）は親時計　153
　　　ヒトの概日リズムと体内時計　154

7.2　生物時計と健康　155
　　　健康な生活と生物時計　155／生体リズムと健康な食事　156
　　　病気の時刻表　157／時間治療　158／睡眠障害と対策　160
　　　時差ボケとその対策　161

7.3　ネオニコチノイド系農薬の問題点と発達障害　162
　7.3.1　自然界とヒトへの影響　162
　　　ネオニコチノイド系殺虫剤の問題点は何か　164
　　　ミツバチの失踪　165／アカトンボの減少　165／薬の複合毒性　166
　　　ヨーロッパの予防原則　166／人体被害　167／空中散布　167
　　　日本の残留農薬基準　168／日本は集約農業　168／有機農産物　169
　7.3.2　増加し続ける発達障害　169
　　　発達障害と農薬　170／ネオニコ農薬と発達障害　170

7.4 食生活の変化がカルシウム不足の原因……171
7.4.1 日本人の食生活の問題　171
食生活の変化がカルシウム不足の1つの原因　173
加工食品の増加　173／食物繊維の不足　174
キレる子どもの食事　175

第8章　環境汚染物質と廃棄物

8.1 環境汚染と廃棄物……177
8.1.1 廃棄物の焼却　178
ダイオキシンの発生　178／ダイオキシンの性質　179
ゴミに由来する重金属汚染　181
重金属のリサイクル（鉛、水銀の回収）　181
プラスチック・リサイクルとしてのペットボトル　182
8.1.2 埋め立て処分場と環境問題　183
埋め立て処分場　183／これからの埋め立て処分場　184
ゴミの資源化と環境・エネルギー対策　185

8.2 環境ホルモン……186
8.2.1 環境ホルモンから「どう身を守るか」　187
環境ホルモン対策　188／食物繊維で汚染物質を排泄する　189
ダイオキシン　190
8.2.2 環境ホルモンの関連が疑われる問題　194
実験その他で明らかになったこと　194
男性に関係する生殖問題　195
男性の性欲減退やＥＤ増加の原因　196
男性の健康増進に良いと言われる食べ物　197

8.3 廃棄物焼却処理の発想を克服し、ゼロ・ウェスト実現を目指す時代である……198

- 8.3.1　焼却主義と問題点　198
- 8.3.2　イギリスおよび米国カリフォルニアでゴミ焼却に逆風　200
- 8.3.3　焼却主義と健康被害　200
- 8.3.4　焼却主義が止まらない理由　201
- 8.3.5　日本のゴミ政策は転換が必要　203
  - 生ゴミとプラスチックを燃やさない　203
  - 生ゴミのとてつもない量　204
  - ゴミを減らす努力は個人では限界　204

8.4　都市鉱山の開発　205
- 都市鉱山開発の4つの壁とその解決　206

第9章　放射能汚染とその他の汚染

9.1　放射能汚染とその他の汚染の違い　208
- 9.1.1　放射能は化学分解しない　208
  - 放射線　208／自然界の放射線　210
- 9.1.2　放射性物質の取り込み　210
- 9.1.3　放射線のリスク　211
  - 放射線被ばく　211
  - チェルノブイリ原発事故による被ばく被害の真実　212
  - 「確率的影響」と「しきい値」　213／放射線障害の治療　214
  - 食べものの汚染と内部被ばく　214
  - 放射能汚染から身を守る食生活　215
  - 野菜・果物・その他の効用　216
- 9.1.4　放射性廃棄物　216
  - 新たな放射性廃棄物の区分　217
  - 廃炉にした原発をどうするのか　217
  - 放射性廃棄物（放射能ゴミ）　217
  - 無理に地層処分の話が予算化した　218

放射能ゴミのスソ切り問題 218／スソ切りでどうなるのか 218
段階的処分 220／原発の燃料 221／除染とその無駄 221
汚染水問題 222

9.2 目に見えない空気が引き起こす公害 ……………………………… 223
9.2.1 大気汚染防止法 223
ＰＭ2.5 224／ＰＭ2.5の主な排出源 225
9.2.2 大気汚染とＰＭ2.5問題 226
毒性学的知見 227／疫学的知見 228／タバコの害 228

9.3 中国の耕地汚染と日本の輸入食品 …………………………………… 230
中国の農産物汚染と対策の問題 232／日本の輸入の現状 232

第10章 地球環境と汚染物質（農薬、シックハウス）

10.1 環境汚染と生物 …………………………………………………………… 234

10.2 人体と有害物質 …………………………………………………………… 235
生物濃縮 237／多様な毒性 238

10.3 農薬と残留 ………………………………………………………………… 239
農薬の毒性 239／残留基準 239
10.3.1 輸入農産物の安全性 240
10.3.2 残留農薬の国際平準化（ハーモナイ・ゼーション） 241

10.4 化学合成物質の被害 ……………………………………………………… 243
超微量で発症する化学物質過敏症 244
化学物質過敏症とアレルギー症 244／シックハウス症候群 245
シックハウス症候群の原因物質 249
シックハウス症候群、化学物質過敏症を予防する方法 250

引用・参考文献一覧 253

生き物の環境科学

第 1 章　個体群の生態学

　生態学は、生態学辞典によると、生物の生計学、生活学、生物どうし、生物と環境の関係生理学として生物分布学とともにドイツの生物学者エルンスト・ヘッケル（E. H. P. A. Haeckel, 1866）によって「生物の家計に関する科学」として定義された。対象とする生物によって植物生態学・動物生態学・微生物生態学など、また方法によって統計生態学・生理生態学・動的生態学・生産生態学・生態系生態学など、さらにレベルによって種生態学・個体群生態学・群集生態学などに分けられる。またエルトン（C. S. Elton, 1927）は、「生態学は生物の社会学であり、経済学である」と言っている。

1.1　個体群の生態学

　個体群とは動物の1匹1匹は個体であるが、限られた空間に棲み、多少でもまとまりをもっている同種生物の個体の集まり（集団）を個体群（population）という。生態学（ecology）では、一般にある適当に決めた地域の中に生息している動物のことを個体群として扱い、必ずしも「群れ」として認知できないことも少なくない。単位面積当たりに生息している動物の個体数を個体群密度（population density）と言い、個体数の調査などの単位とする。

1.1.1　個体数の増殖と変動

個体数の増殖
　両性生殖をする動物では、1匹のメス当たりの産卵（子）数が増殖率の重要な要素である。産卵（子）数は動物の種類によって1桁から1億と非

常に大きな変異がある。おおざっぱな傾向としては海産の無脊椎・脊椎動物では多産であり、次いで淡水性が多く、陸生の動物は比較的少産である。

　産卵数の多い動物の増殖率が必ずしも高いわけではない。マンボウは1回の繁殖で1億以上も産卵することが知られているが、海の中での個体数は多い種とは言えないし、1回に1人しか産まない人間が、地球上で人口大爆発を起こし、さらに増殖を続けている。個体数は産卵（子）数に比例して優勢になり、個体数が多くなるわけではないことが普通である。生態学者の伊藤嘉昭は、親による子の養育ないし保護の進化という観点から見ると、動物の産卵数は親による養育（保護）の程度に反比例しているとしている。

　個体数の変動
　ある地域の動物の個体数は死亡したり、新たに出生したりして常に変動（fluctuation）している。これらの変動要因に加えて他の地域から入ってくる移入（immigration)や、他の地域へ出ていく移出（emigration）があり、さらに複雑に変動している。個体数が変動する要因としては死亡、出生、移入、移出の4つが上げられ、個体数の増減は出生率、死亡率、移出入率などで決まる。しかし、これらの要因が複雑にからみあっていて、個体数の予測はそれほど簡単ではない。

　個体群の成長
　一定の場所において、時間の経過にともなって動物の個体数が増加する現象を個体群成長という。動物の個体群は、食べ物、水分、生活空間など生活資源の制限がなく、温湿度や大気などの無機的環境条件が最適で、他生物の影響もない理想的な条件下では、急速に増殖していく。この条件下で移出や移入がない場合、個体数はネズミ算式に増加（指数関数的あるいは幾何級数的）する。しかし、動物には寿命があり、やがては死亡することから、その分だけ個体群の増加は減少することになる。ただ理想的な条

件下では常に出生数が死亡数を上回ることから、全体の個体数が減少することはない。

ある動物の個体群の個体数を N とし、時間 t の間の個体数の増加を dN/dt とする。単位時間あたりの動物の増加率（r）は、出生率（b）から死亡率（δ）は差し引くことで示すことができる。すなわち $r = b - \delta$ であり、

$$dN/dt = bN - \delta N = (b - \delta)N = rN \qquad (1)$$

と表すことができる。

また、ある時間 t における個体数 $N(t)$ は、最初の個体数 N_0 で決まる。すなわち、

$$N(t) = N_0 e^{rt} \qquad (2)$$

となる。

前述のような最適条件下では、時間 t における個体数 N をプロットすると指数関数的な曲線になる（図1.1）。

r の値は瞬間増加率で、環境条件が安定していて一定に保たれ、個体群の齢構成が安定しているときには一定値になり、ある動物は与えられた環境条件下でのその種のとりうる最大の増加率を示す。このような値を内的自然増加率（intrinsic rate of natural increase）と言い、マルサス係数とも呼ばれる。

この値は動物ごとにあ

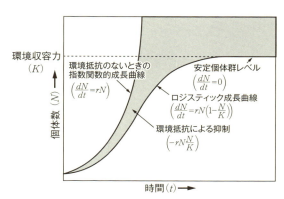

図1.1　個体群の指数関数的成長曲線，ロジスティック成長曲線および環境抵抗
（松本，1993より）

第1章　個体群の生態学　19

る程度決まった大きさを示し、その種の増殖能力を示すパラメーターとなっている。このような、資源が十分にあり、増殖を妨げる要因のない理想的な条件下で移出入のない個体群の成長は、マルサス的成長と呼ばれる。イギリスの経済学者マルサス（T. R. Malthus）は『人口論』で「人口の増加は幾何級数的増加を示すが、食糧は算術級数的にしか増加しない」と述べたことが知られており、マルサスにちなんだものである。これは、生活資源の不足のない理想的条件下における個体群の成長を示すものである。

しかし、自然界では、動物の個体群は成長の過程で環境から多くの制約を受けることから、無制限に増加していくことはない。成長過程で天敵や病原菌、あるいは事故によって寿命が尽きるまでに死亡することが少なくない。また閉鎖環境では、餌や水分をはじめ生活必要資源の不足もある。また自らの排出物や老廃物による生活環境の悪化などが個体群の成長に影響する。このような個体群の成長を制御するように働く環境要因を環境抵抗という。

一般には、安定した食物供給があり、環境汚染が極端ではない場合、横軸に時間を、縦軸に個体数をとってグラフに描くとS字型の増加曲線を示す。このようなS字型の曲線を示す方程式として、ロジスチック式が使われる。

この式は（1）式の右辺に（$K-N$）/K を掛けたものである。この（$K-N$）/K は N が増加するとともに dN/dt が減少するという考え方を表したものである。

$$dN/dt = rN \cdot (K-N)/K = rN(1-N/K) \qquad (3)$$

ここで K は飽和密度あるいは環境収容力といわれ、その環境における生物が生息可能な最大個体数である。

1.1.2　ヒト個体群の成長と特殊性

ヒトとチンパンジーの祖先は共通であり、アフリカの熱帯林に生息して

いたと考えられている。アフリカ大陸は約800万年前に大きな大陸移動にともなう地殻変動が起きて、大陸を東西に分ける幅30〜60km、長さ6000kmに及ぶ巨大な断層（裂け目、地溝帯：図1.2）ができて、生態系は物理的に隔てられ、地溝帯の東西で気候的にも植生のうえでも大きな違いが生じた。地溝帯の西側には熱帯雨林が残り、東側は乾燥して森林が縮小し草原が広がっ

図1.2 アフリカ大陸の地溝帯

た。樹上生活をしていた人間の祖先のサルは、樹上生活によって手と足の役割が分化し、直立二足歩行と、手でものをつかむ機能と、強い握力に適した親指の対向性が発達した。さらに視覚の面での特徴として、物を立体的に見る機能と正確に距離を測る能力が発達して枝から枝への移動を可能にしたが、視覚的能力の発達は草原での生活にも関係のあることがわかる。

　地溝帯の東側にいた祖先となる一部のサルは、樹上生活から草原の広がる平地での生活へと場所を移した。草原での生活はジャングルと違って見晴らしは良いが、危険もある状況に置かれ、敵と獲物を見つけるには「遠くを見晴らすことが有利であり」、立ち上がって目線を高くする方向に進化が進み、直立二足歩行をするようになった。直立二足歩行の開始によって、祖先のサルには形態的に目立つ変化が起き、脳容積が増大した。脳容積の増大の起きた理由として2つのことがあげられ、その1つは直立によって頭蓋骨が背骨の真上に乗るようになり、重量が増しても支えられるようになったことと、もう1つは自由になった手で盛んに道具を扱うようになったことがある。

　手の機能的発達と道具の使用が脳の刺激となって脳の発達を促したが、そのことを裏付けるように、大脳半球における手の割合は図1.3のようにとても大きい。人類の祖先は、手先を器用に使うことと、集団による狩猟

採集生活における役割分担と獲物の分配などの必要から情報伝達が必要になったが、このことも脳の発達と密接な関係がある。

直立によって喉頭が下がり咽頭が広がって、変化に富む音を発することが可能になり、音節の組み合わせから言葉が生まれていったと考えられている。人類の祖先と同じ頃に樹上にいたサルでそのまま森にとどまった種は、人類に最も近いとされる類人猿のゴリラ、チンパンジー、ボノボ（ピグミーチンパンジー）である。

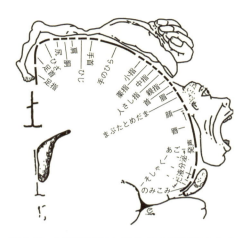

図1.3　大脳半球における各支配領域の大きさ（手，口などはそれらの支配領域の大きさに比例して描いてある。Penfield & Rasmussen, 1950。埴原, 1972。表記は日本語に改めた）

人類の歴史のなかで、人類の誕生についてはいまだに不明な点が多く、ヒトとサルが分岐した時期には幅があり、500〜600万年と言われている。しかし、現在発見されているヒト化石は300〜450万年前のものまでであり、高校の世界史の教科書では400万年前に類人猿から分かれたとするものが多い。ヒトの進化は単純に猿人－原人－旧人－新人というように直線的に起こっているわけではない。図1.4のように各段階で錯綜しながら種の分化があり、旧人、新人（ホモ・サピエンス）へと進化したと考えられている。

ホモ・エレクトス（ジャワ原人や北京原人はこの仲間）、さらに旧人ホモ・サピエンス（ドイツで発見されたネアンデルタール人は現代人と別の系列である）を経て10〜15万年前には現生人類（新人）であるホモ・サピエンスサピエンス（フランスで発見されたクロマニヨン人）へと進化していったと考えられている。人類の歴史の中で大部分の時期の人口は安定して増減は小さかったと考えられている。

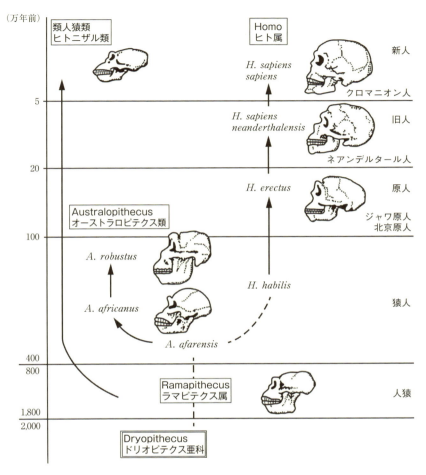

図1.4 ヒト上科の系統概念図

　現生人類は、氷河期が終了したと考えられる約1万年前までは旧石器段階の生活をし、高度な文明の発達はなかった。この段階の人類は、火や道具の使用はあったが、完全に自然生態系の一員として生活し、他の生物や気候、土壌などの環境要因から強い制約を受けていたであろう。利用可能な食糧資源量や疾病などがまず人口増加の制限要因として働いていた。この段階では人口の増加は、他の動物と同様に、絶えず食物不足や疾病、寒

さ、捕食者である猛獣などによって抑えられていた。

　農耕・牧畜の開始は氷河期が過ぎて気候が暖かくなり、新しい自然環境に適応した１万年前くらいと考えられている。食物の確保の手段として農耕・牧畜の技術が生まれ、人類は穀物を中心に食物を貯蔵・保管できるようになって決定的な進歩が始まった。これにより毎日の食物獲得に追われる生活から解放される人が出てきて、文明を築くことになったと考えられている。

　ヒトは人口増加を抑える生態系からの制限要因である食物の確保を技術的に取り除き、大発生できる条件を獲得した。猿人から原人へ移行するまでの100万年前には人口数十万人台と見積もられ、１万年前は１桁多い数百万人レベルの世界人口であったが、4500年の間に１桁アップし、さらにもう１桁アップするのに4500年かかったとされている。西暦１年には2.5億人に達している。

　個体数が２桁アップすれば、普通の動物なら絶滅するレベルであるが、食糧生産技術と貯蔵技術がこれを救ったと考えられる。次の増加の歯止めは、ペスト、コレラ、チフス、赤痢、天然痘、結核などの疾病、伝染病であったが、人口増加は持続している。このような持続的な大発生は、ヒト以外の生物には例がない。人口の増加速度は技術の進歩に比例しており、技術進歩が停滞した中世には人口の増加も低下している。表1.1のように産業革命以降、技術発展が加速的に発達したこの150年の人口増加速度は飛躍的であり、人口爆発を示している。

表1.1　人口は産業革命以降爆発的に増加している

BC 8000 年	.01 億人	
BC 2500 年	1 億人	
BC0 年	2 億人	1億人増えるのに2500年
1000 年	3 億人	1億人増えるのに1000年
1650 年	5 億人	2億人増えるのに650年
1800 年	10 億人	5億人増えるのに150年
1900 年	20 億人	10億人増えるのに100年
1960 年	30 億人	10億人増えるのに60年
1970 年	40 億人	10億人増えるのに14年
1987 年	50 億人	10億人増えるのに13年
1999 年	60 億人	10億人増えるのに12年

中道宏「地球環境問題とはどのようなことか」

20世紀の人口増加をもたらした中心は医学・医療技術の進歩と食糧生産技術によるものであり、特に乳児死亡率の低下が大きい。世界の人口は1650年頃にはおよそ5億人であり、この時期の乳児死亡率は現在の5倍くらいと高く、平均寿命は1/3と低かったことから考えると、現在の人口増加は当然であろう。国連の推計では21世紀中には100億人を超えるとされている。

1.1.3　ヒトの人口爆発

人口爆発

　人口爆発とは、どれだけ増えたら爆発という定義はないが、100年で2倍以上になるというのは人口爆発と言える。ところで西暦1年に2.5億人だった人口は1900年に15億人、さらに1959年には30億人に達して、1987年に50億人となり、2011年には70億人を超えた。

　人口が増えれば当然、必要な食糧も増える。　一方で人の住む場所や働く工場を確保するため農地は減少。生活用水や工業用水の需要が増え、世界中で農業に使用する水も不足し始めている。フィリピンにある国際稲研究所は「地球が養える人口は83億人が最大」と推計している。一方、世界の人口は2050年までには80億人に達する見込みである。現在も地球上のどこかで1秒間に3人、1時間で1万人の赤ちゃんが誕生しているのである。

　人口爆発はなぜ起きているのか。インド、東南アジア諸国、アフリカのエチオピア、ソマリアなど貧しい途上国である。その原因を「貧しいから」、「教育が不足しているから」、「避妊法を知らないから」などをあげることが多い。しかしながら、人口が特に増えたのは日本も含めこの100年である。増える前は「豊かだったのか」、「教育がされていたのか」。

　自然の摂理からすると、食べ物がなければ動物は滅びる。ところが貧しい、食糧が不足している国で人口が増えているのはなぜかということになる。

人口増加している国

　日本の江戸時代の人口はほぼ3000万人で安定していたと言われ、明治以降急増しているが、なぜ安定していたか。食料の生産・供給量以上に人口が増えることはなく、「間引き」や「姥捨て」も含め一定に保たれたのである。

　人口が増加している国は、先進国の植民地だった国と、現在先進国と経済的交流があり「資源」や「換金作物（商品作物）」を売っている輸出国である。先進国から貨幣が入り、貨幣経済システムと食糧・医薬品の援助があって一時的に食糧の供給が増え、人口も増えた。

　先進国は途上国に自分たちの欲しいコーヒーや紅茶、バナナ、ゴム、ヤシ油、ナタデココ、カカオ、砂糖、小麦、綿、木材、金、銀、鉄、ダイヤモンドなど換金作物を安い労働力でつくらせ、安く買い取る。そのためには多数の安い労働力が必要であり、農民は「産めよ増やせよ」と子どもを多数産む。生産するのは換金作物であり、食糧は輸入に依存することになり自給自足はできなくなる。換金作物は各途上国で重なって生産し、生産過剰が起きて価格暴落を起こす。しかし生産できる換金作物は限られ、またコーヒー、紅茶、ヤシ油、ナタデココ、カカオ、ゴムなどは樹木であることから簡単に他の作物に転換できない。価格が暴落してもやめられないことから、先進国との格差は拡大し続けている（表1.2）。

　食糧は貿易自由化によって欧米から安い穀物が大量に流入し、アフリカをはじめ多くの途上国で主食を輸入穀物に依存することになった。しかし、穀物の国際価格の変動があることから、その影響を強く受ける。援助食糧は、自給可能な米生産を駆逐し、元々食べていなかったパンが定着して、援助では足りない小麦を輸入し、せっかく稼いだ外貨を使うことになる。このようなことは、ベトナム、カンボジア、ラオスなどかつてフランスが支

表1.2　最も豊かな国と最も貧しい国の格差

1820年	3：1
1920年	11：1
1960年	30：1
1980年	60：1
2000年	100：1

ＵＮＤＰ「人間開発報告書」ほか

配していたインドシナ三国でも起きている。

　このような支配は欧米に限らず、日本も間接的に関わっている。冷夏に見舞われた1994年の日本は米の在庫量が不足し、外国から大量に緊急輸入した。この大量の米買いが世界市場に影響して価格が高騰し、最も低価格の米だけを輸入していたセネガルは、市場から調達できなくなり多数の餓死者が出た。知らない間に我々も飢餓の加害者になっていたのである。

モノカルチャーが人口を増やす

　多くの途上国は、外貨獲得のために換金作物に特化したモノカルチャーであり、生産品目が5品目など珍しくない。これは買う側にとって効率よく農作物や資源が手に入り都合の良いシステムである。しかも、農民が作物を売って手にする金額は、先進国で商品として販売される価格の1％がざらであり、いくら作っても利益は搾取されることから、穀物の自給もできず、豊かになることは容易ではない。コーヒーを例に過去30年の価格を見ると、6割も価格が下がり、すべての換金作物の国際価格は低下している。しかし途上国は、いずれの国も先進国への債務があり、この返済のために外貨が必要である。土地の酷使や農薬・化学肥料の支払いで収量は上がらず、支払いは増えるという状況にある。

　個々の農民にとっては、借りている農地で多くの労働力をつぎ込めば収量が上がることから、多くの子どもがいたほうがよく、子どもが少なくて利益になることがないことから人口爆発が止まらないのである。しかしながら、国レベルでみれば十分な教育もできず、単純労働しかできない多くの国民を抱えても経済発展は望めない。途上国の人口爆発の責任は、先進国が原因なのである。

　海外債務に関しては、我が国もＯＤＡなど無償援助とともに有償援助もあることから、途上国にとって負担になることが少なくない。多くの場合インフラ整備などに使われ、換金作物の集荷輸送なども含め、援助した側にとってプラスになるものである。

東南アジア諸国を結ぶ国際幹線道路の整備が進んでいる。「東西回廊」はミャンマー中部からベトナム中部のダナンまでインドシナ半島を横断する。また「南部回廊」はこれからの発展が期待されるミャンマーとバンコク、さらにカンボジア・プノンペン、ホーチミンなどの大都市が結ばれ、日本も大きな期待をしている。これまで途中を船で川を渡ったり、迂回(うかい)したりが必要であった場所の改良が大きく進んでいるが、債務になるのである。途上国の人口爆発の責任は先進国にある。

1.2 動物の大発生

　動物の大発生とは動物の個体数が急激に増加することである。トノサマバッタ、ワタリバッタ、トビイロウンカ、ヨトウ、アメリカシロヒトリなどの昆虫類で多いが、レミングやノウサギなどの哺乳類でも知られている。

　大発生は、アフリカその他でのバッタでいまだに時おり起きている。聖書の時代から見られるサバクトビバッタ（ワタリバッタ）の大発生は、相変異を起こし、移動しながら作物や雑草、樹木まで全ての草本類を食べつくす。産卵しながら移動を繰り返すため、数年間連続して大発生するのが特徴である。そのためアフリカではしばしば飢饉になり、飢餓による難民が出る。

　伊藤嘉昭によると、中国やフィリピンのアジアワタリバッタやロシアのワタリバッタは旱魃(かんばつ)時に発生し、ふだん乾燥し過ぎているアフリカでは雨の降ったときに大発生がはじまる。これら大発生するワタリバッタを飛蝗(ひこう)と呼んでいる。

　現在は、アフリカのように国土が広大で、大規模な駆除が難しい地域では、時おり局地的大発生が起き被害が出ている。アフリカでは、大陸北部は極端に乾燥したサハラ砂漠であり、赤道付近には広大な熱帯雨林が広がる。その南側も乾燥していて、サバンナと砂漠が広がる。砂漠周辺の草原で大雨の年に草が繁茂して、休眠して雨を待っていたバッタの卵も一斉に

孵化して大発生のスタートになる。さらに降雨だけでなく台風などの大風によって成虫が吹き集められて、群生層と呼ばれる集合性の強い集団がつくられる。一度大発生が起きると、個体同士の集合性が高くなり、移動能力を持った群生層となり、移動を繰り返す（図1.5）。大発生は、特別な抑制条件が働かないと終息しない。大発生したバッタは毎日、自分の体重と同じくらいの餌を食べると言われる。

　サバクトビバッタが抑制される条件として旱魃が重要であり、旱魃によってバッタの卵が死亡し、餌も減少して個体群の集合がさらに高まり、共食いが起こり、天敵の抑制も働いて個体数は減少する。大発生時には天敵の抑制効果はほとんど機能しないが、小発生の場合は重要である。

　世界的なバッタ対策は、イタリア・ローマにあるＦＡＯ（国連の食糧農業機関）が中心になって行なっている。現在、飛蝗が大問題になっているのはアフリカの中部、北部、アラビア半島、中近東、アフガニスタンなどの紛争地に近い地域も含まれる。ＦＡＯの「サバクバッタ情報サービス」が人工衛星で監視し、現地にバッタ発生情報を流し、対策教育その他援助を行なっている。国連では、関係機関に資金援助を要請しており、日本政府も被害国に対してたびたび無償資金援助を行なっている。発生が途上国や紛争地帯の場合、バッタの監視や対策が困難であり、大量の難民が発生することになる。貧しいがゆえに無理な農耕や過放牧も行なわれる地域での大発生が見られ、砂漠の拡大の原因にもなる。

　アフリカで2003〜2005年に起きたサバクトビバッタの大発生では、早期の防除が行なわれなかったために、570億円もの防除費用を要した。多くの場合、問題が大きくならないと支援がされないこともあって、手遅れになることが多い。2004年のサヘル（サハラ砂漠南端の半乾燥地帯）で発生したバッタは、アフリカ大陸西海岸・モーリタニアから東海岸のエジプトまで横断し、さらに海を渡りイスラエル、ポルトガルまで到達した。

　マダガスカルでは小規模の発生が2009年に始まり、この時点での防除費用を政府がつぎ込まずに放置し、2013年には台風に襲われて繁殖に適した

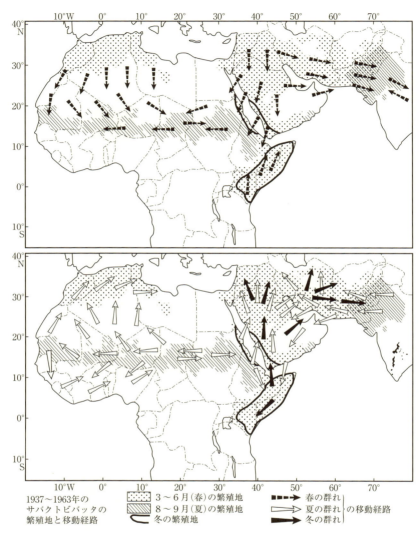

図 1.5 サバクトビバッタの群飛の主要経路
（ワロフ，1966 および伊藤・桐谷，1971 より）

環境となった。バッタの産卵に適した湿った地面と、餌になる植物の繁茂があり、例年より好適な状況が長く続いたことが原因で大発生が起きた。日本政府は2014年4月、マダガスカル政府の「バッタ対策計画」に対して無償資金協力した。

トビイロウンカ

トビイロウンカの発生は、ベトナム北部や中国から飛来し、飛来数は少ない（100株に1匹以下）が秋までに3世代増殖を続けて収穫直前のイネに坪枯れを起こし、大被害をもたらすことがある。毎年ジェット気流に乗って梅雨時期に飛来する。成虫の体長は5mm程度であるが、江戸時代の西日本の飢饉の原因として恐れられ、享保の大飢饉（1732～1733）や天保の大飢饉（1835～1837）はこの虫の大発生も原因と言われている。多数の餓死者が記録されており、福岡近辺でも供養塔や飢人地蔵などが建立されている。博多でも人口の1/3が失われたと伝えられ、博多区中洲2丁目には供養に建立された地蔵尊がある。現在でも霊験あらたかで願い事がかなうと大切に祭られている（図1.6）。

トビイロウンカの発生の第一段階は成虫の飛来期であり、長翅型と呼ばれる飛来成虫は6月下旬から7月上旬である。第二段階は8月中旬に短翅型の増殖タイプが出現し、部分的に集中した分布を示す。第二段階の個体群の増殖状況が次世代の大発生として坪枯れを起こす原因になり、この時期に駆除する必要がある。第三段階は密度の増大する時期であり、増殖タイプの短翅型のメスが中心になって増殖が続き、坪枯れを起こす（図

図1.6 享保・天保の大飢饉における餓死者の供養塔（福岡市博多区中洲。河内，2014年撮影）

図1.7　トビイロウンカの大発生で坪枯れした水田（河内，2013年秋撮影）

1.7）。

「坪枯れ」とは、ウンカの増殖が部分的に集中し同心円状に大きく枯らせた結果として、イネの枯死がある場所に集中的に起きて、坪単位でイネが枯れてしまうことを言う。株当たり500匹くらいのウンカが吸汁を続けるとイネの枯死が起きる。部分的に枯れているようでも周辺にも被害が出ていて、坪枯れの起きた水田ではほぼ収穫できないようである。

　トビイロウンカは秋ウンカとも呼ばれ、イネが枯れるまで吸汁を続ける性質があることからこのようなことが起きるが、多くの害虫類はイネの状態が悪化すると他へ移動することから、枯れてしまうことはない。

　最近でも局所的に大発生して被害が起こり、2013年には福岡県内全域を含む北部九州から近畿西部まで記録的大規模な発生が起き、各地で坪枯れも見られた。2014年には兵庫県、岡山県での大発生が報告され、収穫期が9月下旬以降のイネでの被害が心配されている。近年になって大発生が起きているのは、農家の減農薬傾向や猛暑が関係していると言われているが、ウンカの薬剤抵抗性の増大も考えられる。

捕食者除去の影響

　アメリカの生態学者アリー（Warder Clyde Allee）らの紹介しているアメリカ合衆国アリゾナ州カイバブ平原のシカと捕食者の関係を図1.8で見ると、肉食獣のピューマ、コヨーテ、オオカミを人為的に大幅に除去した結果が示されている。肉食獣によるシカ個体群の増殖に対する抑制が効かなくなり、シカ個体群は急速に増加していく。しかしやがて平原の餌植物が不足し、飢え死にするシカが増えて、個体数は急速な減少を示し、この

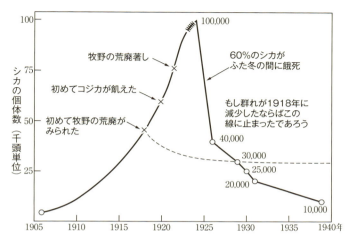

図1.8　アリゾナのカイバブ平原のシカ個体群に対する捕食者除去の影響
(ピューマが1907〜17年の間に600頭，1918〜23年の間に74頭，1924〜39年の間に142頭が除かれた。オオカミは1907〜17年の間に11頭除かれ，1923年に絶滅。コヨーテは1907〜23年の間に3000頭，1923〜39年の間に4388頭除かれた)

平原がもつシカ個体群の収容力以下の以前と変わらない個体数となった。これは人間による自然の攪乱がもたらした結果であり、野生動物では、平原の収容力を超えて持続的に個体数を保つことが難しいことを示していると言えよう。

1.3　多様な生物の相互関係——その1

1.3.1　個体群の相互関係

　個体群の密度が増加すると個体あたりの資源は減少して、個体間の競争関係が激化する。個体群の中での競争は、同種の個体間で起きるため、種内競争と言う。個体間の多面的な関係の一場面であり、種の存続が前提となった現象である。生態学的には、個体群の密度調節機構として重要視されている。

密度効果

閉鎖された環境における個体群密度の影響は、アズキゾウムシをビンの中で飼育すると見られるように、親世代の密度によって子世代の成虫の体重が変化し、孵化幼虫数が多いほど羽化成虫の体重は軽くなる傾向がある。また親世代の密度によって産卵数と孵化率は変化し、密度が高くなるにつれて産卵数の減少率が高くなり、卵の死亡率も高くなる。このように密度の変化にともなう個体群に対する種々の影響を密度効果という。

ここで注目すべきことは、産卵数が減少するとともに、未孵化卵も増加することである。この未孵化卵が増加する理由は、成虫による物理的な影響が原因であることが明らかにされている。しかし成虫密度の増加による産卵数に対する影響の原因は明確ではなく、個体同士による産卵行動の妨害の可能性が考えられている。

コクヌストモドキでも成虫密度と産卵数の関係が調べられており、高密度下では産卵数が減少するが、その理由はメス成虫による卵の共食いである。このような卵の共食いは、別の観点から見ると成虫と卵、幼虫と卵、成虫と蛹(さなぎ)などの異なる生活史の時期にある同一種内における個体の行動上の干渉であり、種によっては交尾、産卵などの妨げあいなどにも見られ、個体間の干渉として次に示す「条件付け」とともに密度効果を起こす原因である。

生物的条件付け

コクヌストモドキは漢字で「穀盗人似」と書くように穀類を食べるが、この虫を取りかえずに同一の小麦粉の中で継続的に飼うと、小麦粉は排出物や分泌物、老廃物によって変質し、さらに栄養分は摂取されて栄養価が低下することにより、物理的にも生物的にも悪化が起こり、図 1.9 のように増殖数は急激に低下する。このような変化を環境の生物的条件付けと呼んでいる。このような条件付けは貯穀害虫のノコギリコクヌスト、ナガシンクイ、バクガ、さらに水中生活をするアカイエカ、ネッタイシマカなど

でも広く見られる現象である。

なわばり制

なわばりは優劣関係にもかかわっており、広範囲に及ぶ社会的組織の手段である。なわばりは、動物の個体あるいは集団が、他個体あるいは多集団を追い出し、「はっきりした地域性をもった防衛空間」を占有する地域をいう。魚類、爬虫類、鳥類、哺乳類などの脊椎動物で広く見られる。また無脊椎動物では節足動物で見られるが、甲殻類、クモ類、昆虫の一部で見られる。昆虫ではコオロギ、トンボ、その他社会性の発達したシロアリ、アリ、ハチなどで見られる。

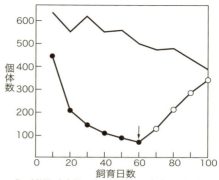

○：新鮮な小麦粉の中へ移し替えて飼育した場合。
●：条件づけられた小麦粉中での飼育。実線のみは新鮮な小麦粉の中で飼育した場合（対照区）。

図1.9 コクヌストモドキを条件づけられた小麦粉で飼うと増殖個体数は急激に減少する（Parl, 1934および内田, 1972より）

イトヨのオスでは繁殖期になるとなわばりをつくり、ある地域を誇示してその境界を防衛する行動を示す。鳥類のなわばりは「さえずり」、宣言歌によって示されるが、哺乳類では特定の腺から分泌される物質が用いられ、イヌでは尿、サイでは糞にこの物質を混ぜてこすりつけて防衛範囲を示すマーキング行動をする。

なわばりの防衛はふつう威嚇行動で行なわれ、闘争によって死に至ることはまれである。一般にメスはマーキング行動をすることはまれであり、分泌腺もオスのほうが発達している。オスを去勢するとマーキング行動が減少する場合も見られ、この場合は異性誘引と関係しているのであろう。

なわばりのタイプ

なわばりは5タイプに分けられている。

A型：隠れ場所、求愛、交尾、造巣や大部分の食物集めを行なうための

防衛地域。
B型：すべての繁殖活動を行い、ある程度の食物をとる大きな防衛地域。
C型：巣とそのまわりの小さな防衛地域。
D型：求愛と交尾のための防衛空間。
E型：防衛される休息空間と隠れ場所。

なわばり行動は通常、同種内の個体あるいはグループに対しての行動を指しており、多種類に対する防衛はなわばりとは言わないが、研究者によっては種間なわばりを認める人もいる。

なわばりにおいて、アユのように採餌のなわばりが決まっている場合、なわばりをもつ個体はもたない個体に比べて採餌量が多く、その結果、同じ時期で前者と後者で体長が2倍と著しい差となって出ることもあり、「採餌のなわばり」の意味の大きいことが明らかである。同様のなわばりとして哺乳類や昆虫類の一部で見られるなわばりがあり、これらの多くの動物は、肉食性の捕食者である。捕食者の餌は、生態ピラミッドで示されるように、草食者の餌量に比べて大きく見積もっても1〜2桁のオーダーで少ない餌を、互いに上手く分け合うために発達したものであろう。

1.3.2 種間競争

種間競争は、異なる種の間で、食べ物や生活空間などの重要な生活資源に対する要求が重複するときに生じる現象であり、ときには一方が他方を絶滅させることもある。これは特に環境が均質で閉鎖的な場合に顕著にあらわれる。種間競争で「食うか食われるか」、自種をいかに残すかという、種と種の間の全面的な対立関係を示す生存競争であり、競争種の一方が絶滅することもしばしばある。

このような競争は、競争の研究の先駆者であるソビエトの生態学者ゲオルギー・ガウゼ（G. F. Gause）にちなんで、ガウゼの原理、競争的排除則あるいは競争置換ともいう。「生態的に等しい2種は長くは共存できない」ということである。

「生態的に等しい」あるいは「異なる」というのは、生態的地位の概念における異同である。動物の各地域個体群は、それぞれ適温範囲があり、また利用食物範囲も決まっている。さらにその種の活動する時間帯とか、季節あるいは生息場所も一定範囲にある。このような要素ごとに分析して比較することによって、生態的な要求の異同が明らかになる。競争的排除則

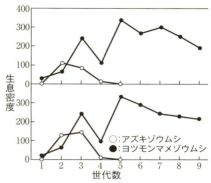

図1.10 アズキゾウムシとヨツモンマメゾウムシの競争（内田，1952）
一緒に飼うと2回の繰り返しとも，前者は後者に滅ぼされた。

では2種が同じ生態的地位を占めるほど遺伝的に似ていて、同じところに棲息した場合には、一方が他方に置き換わる。

生態学者の内田俊郎が行なった一連の実験からその1つの例を見ると、同じ属であり生態的地位も等しいと思われるアズキゾウムシとヨツモンマメゾウムシは、アズキで一緒に飼育すると、常に前者が滅び後者が生き残る（図1.10）。一方、餌として不適なダイズで同様にして両種を飼うと、この関係は不安定になり、どちらが生き残るかは一定しなくなる。

棲み分け

よく似た生活様式をもつ2種以上の生物が、種本来の要求からすれば同じ場所に住みうるのに、競争の結果生息場所を時間的あるいは空間的に分け合っているとき、これらの種は棲み分けているという。また、同じ生活の場をしめる場合には食物の種類を異にすることが多く、これはときに「食い分け」と呼ばれる。

河川上流の清流に生息するイワナとヤマメは、夏の水温が13℃付近を境にして分かれて住むことが多いが、両種とも自種だけのときはもっと広い範囲に生息する。生息場所が分かれているのは、棲み分けの結果である。

表1.3 河川における魚類の棲み分け

流域	上流域	中 流 域	下 流 域
生息域	マス域	ウグイ・ムギツク・オイカワ域	コイ域
構成種	ヤマメ	ウグイ・ムギツク・オイカワ・カワムツ・ヨシノボリ・オヤニラミ	コイ・フナ・ウナギ・タナゴ・ハゼ・ボラ・スズキ

(塚原，1951 および宮地，1953 より作成)

同様に川魚を上流から下流まで見ると、魚種は表1.3のように変化することが知られており、最上流域にはイワナが棲み、次にヤマメがいる。宮地はこの地域を「マス域」としている。つづいてウグイ、オイカワ、カワムツ、ヨシノボリ、ムギツクに代表される中流域は、「ウグイ、ムギツク、オイカワ域」とされ、アユも生息する。さらに下流域は、コイ、フナ、タナゴ類を中心とする「コイ域」になり、下流には汽水にも棲めるハゼ、ボラ、スズキが入るようになり、筑後川では特産のエツ、クルメサヨリが産卵に来る地域である。

近縁種の共存

ガウゼは生態の似た近縁な2種は同じところに長い間共存できないか、あるいは同一の生態的地位をもつ異種は同じ棲み場所に長くは共存できないと考えた。しかし、多くの研究の結果、近縁な2種の共存の例が必ずしも少なくないことが明らかになった。

食性の分化による共存

クロヤマアリとクロオオアリは、ともに動物性の餌をとっており、餌の種類構成と活動時期、行動域が重なっている。すなわち、これら2種のアリは「似た食物要求をもつ2種が同所的に生存している」典型的な例である。「似た食物要求をもつ異種動物が比較的狭い範囲内に共存するメカニズムとして」、種間の相互作用によって食性を分化させる例が魚類で明らかにされている。アリの場合は餌の大きさ（ここでは重さ）によってクロ

オオアリは大きい餌を、クロヤマアリは小さな餌を利用するというように体の大きさに合わせて、それぞれの種が相対的な有利さを保障する方法で分割利用している。

餌配分の分化

ニューギニアの低地降雨林に生息するヒメアオバト属やミカドバトに属す果実食性のハト類は、種ごとに体の大きさが異なり、その大きさによって採餌する場所と木の実の大きさを違えている（図1.11）。体の大きい種は大きな実を食べ、同じ木の場合は小さい種ほど枝の細い部分で採食する傾向がある。

プエルトリコに生息するミツスイ類は、くちばしの大きさの違いに応じて吸蜜する花の種類が異なり、くちばしの長い種と短い種では花の大きさも明らかに異なる。これらのことからもわかるように、鳥類では体やくち

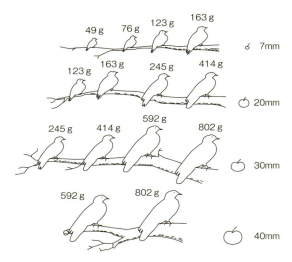

図1.11 ニューギニアの低地降雨林に棲むハト類8種における体の大きさと食べる木の実の大きさおよび止まる枝の太さとの関係
（Diamond, 1973 および樋口, 1984 より）
図の右側の果実と数字はそれぞれの餌の大きさを直径で示している。また、鳥の上に示した数字はそれぞれの体重を示している。

ばしの大きさと採食習性は明らかな関係が見られ、重要な指標である。

種間競争の一種としての抗生物資

英国スコットランドの微生物学者フレミング（A. Fleming）は、青カビが産出する化学物質がブドウ球菌の増殖を抑えることを発見した。これをきっかけにフレミングとチェイン（E. B. Chain）は青カビの化学物資から抗生物質であるペニシリンの単離に成功した。このペニシリンは、細菌類の青カビとブドウ球菌の種間競争の中で、他生物を排除するためにつくられている活性物資といえる。

その後、多種類の抗生物質の発見と合成に成功した我々は、肺炎・敗血症、赤痢チフスなどの細菌病を克服したかに見えた。抗生物質の合成により、人類は多くの死の病から解放されたと喜んだが、それは長くは続かなかった。病原菌は簡単に死滅せず、抗生物質に対する耐性を獲得した細菌が次々と誕生し、我々は病との戦いを再度繰り返すことになった。

現在は細菌類の反撃がすさまじく、多剤耐性菌、スーパー耐性菌などが出現して、薬の効かない病気が発症している。多剤耐性菌は複数の薬剤に対して耐性を獲得した細菌やウイルスなどの病原微生物のことである。長期間同じ薬剤を使用することによって出現し、薬剤の効果を低下させたり、失わせたりする。病気と我々の闘いは、限りなく繰り返されそうである。

1.4　生態系における物質とエネルギーの循環

1.4.1.　生態系の構造と機能

生態系は、ある地域に生息するすべての生物の集団と、その生活に関係する非生物的諸要素を含む環境から構成されており、主として物質循環やエネルギーの流れに注目して、1つの機能系的なシステムとしてとらえたものである。生産者、消費者、分解者からなる生物的要素と、非生物的要

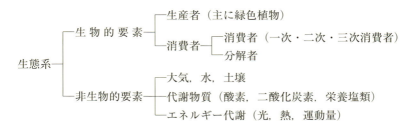

図1.12 生態系の構成要素

素(環境的要素)との2要素からなる(図1.12)。

生態系の概念は必ずしもはっきりしたものではなく、さまざまな広がりでとらえることができる。対象によってたとえば森林生態系、海洋生態系、河川生態系、湖沼生態系、草原生態系、また池や水槽の生態系のようなとらえ方もあるし、地球全体を1つの生態系とみなすこともできる。

生物と環境のかかわりを見る場合、生態系としてとらえることは基本的に重要である。自然を生態系としてとらえると、環境の変化による生物の影響がわかりやすく、特に人間の活動、開発などがどのように自然に影響を与えるかを調査し明らかにするうえで有用である。

非生物的要素は、生物に対する機能によって次の4つのグループに分けて扱うことが多い。

①生物の生活空間物質である大気、水、土壌の物理・化学的諸性質。
②生態系のエネルギー源となる太陽光線。
③生態系を循環する無機物としての炭素、酸素、窒素、二酸化炭素、水、栄養塩類など。
④生物と非生物を結ぶ物質としての動植物の排出物やその遺体などの有機物およびそれらの分解中間生成物など。

生物的要素は、生態系内の物質循環に果たす役割によって、生産者、消費者、分解者の3つのグループに分けて扱う。

①生産者(producer):通常光合成を行なう緑色植物を生産者(一次生産者)と言う。これは独立栄養生物(autotroph)とも言い、無機物で

ある二酸化炭素をエネルギー源として、太陽光を用いてたんぱく質、ブドウ糖、でんぷんなどの有機物を生産している。

② 消費者（consumer）：緑色植物の生産した有機物を摂食して生活する草食動物や動物を捕食する肉食動物を消費者と言う。また生産者の生産物に依存していることから従属栄養生物（heterotorophic organism）とも言うが、動物は有機物を分解・再合成して新たな有機物を生産するという意味から二次生産者とも言う。

③ 分解者（decomposer）：生物の死骸や生物からの排出物、あるいはそれらの分解物を取り込んで、分解した際に得られるエネルギーを利用して生活する生物を分解者と言う。分解者は植物体や動物体の有機物を分解して、生産者が利用できる無機物に戻す（還元する）役割をしており還元者（reducer）とも言われ、通常は細菌類や菌類を指す。

1.5 多様な生物の相互関係——その2

1.5.1 エネルギーの流れと食物連鎖

生態系内の生物の個体群を食物関係で見ると、さまざまな生物が互いに「食うものと食われるもの」の関係でつながっていて、このつながりを食物連鎖と言う。食物（各種餌生物）に含まれるエネルギーは、化学エネルギーとして食物連鎖の経路をたどって移動していく。このエネルギーの流れは、川を流れる水のように一方向に流れ、逆流することはない。

食物連鎖を形成している各種栄養段階の生物は、単位時間、単位面積当たりに固定するエネルギー量、あるいは生産量、また個体数を調べると、栄養段階の上位者ほど小さくなる。これを図示すると、概略的には全体としてピラミッド型になることから、「食物連鎖のピラミッド」、あるいは「生態ピラミッド」と言う（図 1.13）。

食物連鎖上における各生物の位置は栄養段階と言い、太陽エネルギーを

固定する緑色植物は生産者であり、植物を食べる植食動物（草食動物）は一次消費者、植食動物を食べる肉食動物は二次消費者という。さらに一次、二次消費者を食べる三次、四次消費者が存在することもある。

自然環境下では、独立した一連の食物連鎖が成立している

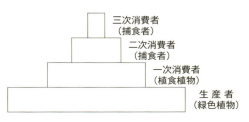

図1.13　生態ピラミッド（数のピラミッド）
生産者である緑色植物の個体数が最も多く、それを食べる一次消費者、二次消費者と階段が上にいくほど個体数が少なくなる。ワシやタカなどの猛禽類は特に少ない。

ことはなく、通常、多くの動物は複数種の生物を餌とし、また多くの生物は複数種の動物の餌になっていることから、種と種の間の食物連鎖は図1.14ｂのように入り組んだ複雑な網目状の構造になっており、「食物網」と呼ばれる。

食うものと食われるものの関係が、図1.14ａのように互いに１種類の場合、捕食者あるいは被食者のいずれか一方の数の変動によって、他方は大きく影響を受けることになる。しかし図1.14ｂのように、いろいろな栄養段階の個体群の間に、相互に関連した調節的な連鎖が組み合わさっている場合は、１種類の餌生物あるいは捕食者に減少が起こっても、他種へ切り

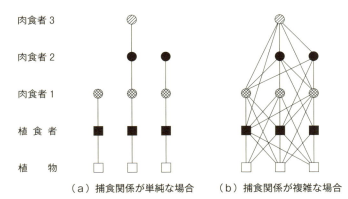

（ａ）捕食関係が単純な場合　　（ｂ）捕食関係が複雑な場合

図1.14　異なる生態系の群集における食物網の構造

第1章　個体群の生態学

替え、あるいは他種の捕食者による捕食が増加するなどによって個体数の高い安定が保たれる。

1.5.2　食うものと食われるもの（捕食・寄生関係）

捕食者

自由生活をしていて、餌（prey）を捕まえて食う動物を捕食者（predator）と言い、捕食者が成長して繁殖するまでに1匹以上、複数の餌を殺して食うことが多い。例としてヒョウ（餌としてサル、ホロホロチョウなど）、ツバメなどの小鳥（餌は昆虫やクモなど）、クモ（昆虫類）、トンボ（カやハエなどの昆虫類）。

捕食寄生者（parasitoid）

寄主（host）の体の外側に固着（外部寄生者）している、あるいは体の内側に入って寄主から寄主へと動くことができない捕食寄生者は、寄主を食って最大で1匹、最終的に殺す。1匹の寄主が何匹かの捕食寄生者に食われることがあり、寄生者の大部分はハエ（寄生蠅）とハチ（寄生蜂）の仲間である。

真性寄生者（parasite）

寄主とその体の内側あるいは外側について栄養をとる寄生者である。ヒトに寄生するカイチュウ（内部寄生者）やノミ、シラミ（外部寄生者）のように、直接は寄主を殺さないが、たとえば多数の寄生によって寄主が弱って病気になる、あるいは体内の臓器に穴をあけて死に至ることはある。医学・寄生虫学ではhostを「宿主」と訳している。

長い間、「食うものと食われるもの」という相互関係が継続すると、餌個体群の増加率に対する捕食の影響は小さくなる。つまり捕食者は餌個体群の「自然の利子」を食べているような状態になる。しかし捕食者が減少す

ると利子の部分が増えて餌生物の個体数の急増ということが起きる。捕食は、個体群密度の調節にいろいろな程度で寄与する一般的な要因であり、過剰な個体は捕食される。

　自然選択は捕食者・被食者に対してそれぞれ正反対な方向に働く。捕食者は、餌生物を捕まえたり、食べたりするのにより有効なメカニズムを発達させる方向に進化する。例えば、猛禽類は鋭い爪とクチバシを獲得し、ヘビやトカゲ、クモ、ハチ、アリは麻酔薬と注射器を発達させた。また特殊化した捕獲機能をもつクモの巣やアリジゴク（ウスバカゲロウの幼虫）の巣穴トラップなどがある。

　一方、被食者は生存確率から、捕食者に食われる機会を減少させるような形質が選択的に残っていく。その結果として、捕食を回避する適応は非常に多様である。動物が食われることを回避する方法をあげると、次の5つがある。
①捕食者から積極的に逃げる。
②動かないでじっと静止して捕食者に見つけられないようにする。
③体内に毒物質をもち、食べるとマズイことを積極的にアピールする警告色。
④毒物質をもたないが他の動物の警告色をまねる。
⑤条件によって集団を形成して食われにくいようにする。

1.5.3　捕食者から身を守る方法

カムフラージュ
　カムフラージュ（camouflage）は視覚的なごまかしの一形態であり、それによって捕食者から逃れることができるし、逆に捕食者は身を隠して適当な獲物を待ち伏せすることができる。死んだようにじっと静止して捕食者に姿を見つけられないようにすることや、ある動物がその背景に紛れこむように進化することなどがある。
　ショウリョウバッタを例として見ると、このバッタには緑色タイプと黄

色タイプがあり、一般に自然条件下では、緑色タイプは背景が緑色の場所に多く、黄色タイプは黄色の場所に多く棲んでいる。実験的に緑色タイプと黄色タイプのバッタに緑色と黄色の背景の選択実験をしたら、緑色タイプは緑色の、黄色タイプは黄色の背景を選んでいる。

警告色

警告色（warning color）によって捕食を回避する動物には次のような特徴のいくつかがある。

1つは目立つ色彩をもつこと、他には、不快な味や毒物を持っている、あるいは針をもっていて反撃する、また動作はゆっくりしていて捕獲行動を起こしにくいなどの特徴である。これらの特徴によって、被食者は捕食者に記憶学習させ、捕食をまぬがれるのである。

昆虫の中には食われることから身を守るために、体内に毒物質や刺激臭をもつ物質、苦くて不味い物質をもっているものがあり、これを使って捕食を逃れる。このような昆虫の中には、毒物質を体内で合成するものと外部から取り込んで貯めるものがある。オオカバマダラはハネに強心配糖体という強力な心臓停止作用をもつ毒物質をもつが、これは幼虫の食草であるトウワタから取り込んで貯めた物質である。

オオカバマダラの幼虫、成虫いずれでも捕食した鳥は、数分後に激しく吐き戻し、学習して二度とオオカバマダラを食べない。

擬態

擬態（mimicry）は、ある擬態する動物がモデルになる動物と見分けがつかないほど似る現象を言う。擬態にはベイツ型擬態、ミュラー型擬態、攻撃型擬態、種内擬態などいくつかのタイプ分けがされている。

ベイツ型擬態は、特定の標識を持つモデルになる有害な動物を避ける捕食者が、そのモデルに擬態した無害な動物にあざむかれて、捕食を避けるようなタイプである。この場合、モデルになった動物にとっては何の利益

もない。実験室で警告色をもつクロスズメバチを避けるように条件付けられた鳥は、擬態者であるハナアブを避けて食べない。

　この擬態の限界は、擬態種がモデルよりも個体数が多くなることができないというものである。多くなると、捕食者が毒などの被害のない擬態個体を多く食べて条件回避をしなくなる可能性が強くなることである。そこでメスとオスで模様が異なっていて、子孫を残すメスだけが擬態するアゲハチョウの1種が存在する。

　ミュラー型擬態は、有毒あるいはまずい種同士の一群が同じ警告標識をもっている場合であり、捕食者は一群全体を攻撃しなくなる。この場合どちらが擬態者とは言えない。

　攻撃型擬態は、ある捕食者である擬態者が他の誘引あるいは、少なくとも回避しない標識に擬態して、近寄った動物を捕食するあるいは利用するタイプである。マレー半島に棲息するピンクのカマキリは、形もよくとまるノボタンの花に似ており、花に集まる昆虫を捕まえることができる。

1.5.4　動物のコミュニケーション

動物の情報伝達法

　動物の情報伝達信号は特殊化した行動パターンである誇示（デスプレイ）によって示される。この信号は一般に2つの基本的な概念に分けられており、その1つは不連続なデジタル信号であり、他の1つは段階的に示されるアナログ信号である。

　デジタル型の信号は肯定か否定かの二者択一的な意思の伝達に限定される。ホタルの発光信号や鳥のさえずりはこれにあたる。昆虫その他の無脊椎動物、魚類や両生類などの下等な脊椎動物の情報伝達は、多くの場合デジタル型であり、各信号に対する応答は単純である。

　アナログ型の信号はミツバチの尻振りダンスのような例、あるいはサルの攻撃行動に見られるような段階的に変化する誇示行動として、①単ににらみつける、②歯をむき出しにしてにらむ、③さらに威嚇動作が加わり、

叫び声をあげて地面をひっかく、④攻撃するなどの行動がある。このようなアナログ型の誇示行動には体色や発生の段階的な変化が付随し、ときには特有なにおいが放たれる場合もある。鳥類や哺乳類の一部の種類では、種それぞれが段階的な信号による豊富な内容の情報の伝達をする。また音声を徐々に変化させることによって、質的に意味の異なる複雑な情報の伝達も行なっている。

　近年明らかにされた研究成果によると、高度な社会を有するサルなどでも、情報伝達に使われる誇示のレパートリーは 30 ～ 40 種類ぐらいと言われている。このように、動物の情報伝達はヒトの言葉の無限的な多様性と比較して対照的にごく限定された信号しかもたないようである。

　においによる情報伝達
　嗅覚による情報伝達にもいろいろあることが近年明らかになってきた。多くの動物は、化学物質を体外に分泌排出しているが、この分泌物は情報伝達にも使用されている。この情報伝達法は、主に近接した個体間でのコミュニケーションに使われるが、反面、においは一定時間残ることから、電柱や木や岩につけた信号は時間的、空間的に遠く離れた個体にも伝えられる。しかし、視覚、聴覚に比べて複雑な連続した多くの情報伝達はできない。

　においによる情報伝達は、哺乳類のアナウサギ、ジャコウジカ、ハムスター、イヌ、キツネなどや昆虫のカメムシ類、アリ類、チョウやガ類などで広く使われている。哺乳類は特にテリトリーの維持確保、順位、個体の識別や生殖配偶行動に使われる。

　社会性昆虫であるシロアリ類、アリ類およびハチ類の一部では、コロニーをコントロールするためにフェロモンを使っている。アリは大きな餌を見つけるとその場所から巣まで、腹部から分泌物を出して地面につけ、においの道をつくって仲間を呼び寄せる。においに導かれて集まった仲間は、餌を運ぶときも同様に巣までにおいをつけながら帰る。このことによ

って、餌が移動してもその位置を常に正しく伝えることができる。

フェロモン物質としての確認が最初に行なわれたのはカイコガであるが、同じガの仲間であるマイマイガやシンジュサンのオスでは、それぞれ3.7km、2.4km離れた地点からメスの存在を感知することが知られている。しかしこのような遠距離から情報伝達が可能な昆虫は例外的である。

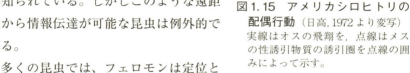

図1.15 アメリカシロヒトリの配偶行動 （日高、1972より変写） 実線はオスの飛翔を，点線はメスの性誘引物質の誘引圏を点線の囲みによって示す。

多くの昆虫では、フェロモンは定位と誘引の一部に役立っているにすぎないことが明らかになってきた。アメリカシロヒトリのオスでは、図1.15のように一定距離外ではランダムな飛び方をし、ある距離以内に入るとフェロモンの濃度勾配に導かれてゆっくりジグザグに飛行しながらメスに近づく。

昆虫の異性を引き付ける性フェロモンを利用した害虫防除が一部実用化されている。ミバエ類や果樹の害虫であるガ類では使われている。

音声による伝達

この伝達法は、三次元空間を生活の場にする生物間、例えば水中の魚類や哺乳類、空中を飛翔する鳥類や昆虫類などで特に発達している。音による情報伝達を行なう動物は、聴覚器官がよく発達していて、聴覚器が周期的な振動音をとらえる仕組みになっている。脊椎動物である魚類、両生類、爬虫類、鳥類、哺乳類では、複雑な鼓膜器官をもち相当高い聴力を有している。特に鳥類の聴覚器官は、解剖学的にはカエルと大差ないが、広域な周波数の音を聞き分けられ、その能力は並はずれている。鳥類の音声の出し方は、空気を肺から気管にある声帯に流して、これを振動させて出す哺乳類と同様のタイプである。

第1章 個体群の生態学

鳥の歌は我々にとって特に身近で親しみのあるものであり、なぜ鳥は歌うのか、またどんなレパートリーがあるのかが注目されてきた。よく歌うのはオスであり、歌が性と関係ありそうなことはすぐに推測できる。

　鳥の歌の機能としては大まかに２つあり、なわばりの防衛とメスを誘引して交尾に導くものである。さえずる鳥の発声行動は、単純な鳴き声といくつかの複雑な歌からなっている。鳴き声のほうは比較的単純で、意味も簡単である。警戒の鳴き声は、単に捕食者の存在を示している。これに対して歌は、構造的にも意味的にも複雑であり、特にオスの歌には、個体や種の識別、なわばり領域の確立およびつがいのきずなの維持に用いられる。宣言歌は通常、なわばりを守るオスがさえずり、これが同時にメスをなわばりに呼ぶ歌にもなっている。そのため宣言歌は多様に分化していて、いろいろな音が入り混じっているが、あいまいさの危険を避けるようになっており、種の区別に歌の違いを利用すると確実で早い場合がある。バードウォッチでは、しばしば姿が見えなくても鳴き声で種の識別がされている。

　歌のレパートリーの意味は、なわばりの防衛において効果があり、シジュウカラでの実験では、レパートリーの広い歌は、１種類の歌より侵入者を排除するのに有効である。また、カナリヤでは、オスの正常な歌と人工的にレパートリーを少なくした歌をメスに聞かせると、レパートリーの少ない歌ではメスの巣作りのペースが遅くなることがわかっている。

　もう１つ、鳴き声の機能としては警戒音があり、多くの鳥類で危険な捕食者に対して用いられている。警戒音は種特異的なものもあるが（図 1.16）、多くの種で似ていて、一定の音響的特徴を共有しており、同種の他の鳴き方とは明らかな違いがある。社会性鳥類であるイエスズメやカササギは、捕食者に対して繰り返し警戒音を出して仲間を呼び集め、力を合わせて捕食者をおどして追い払う。空港で野鳥の群れが問題になるが、滑走路から鳥を追い払うために、録音した警戒音が使われたことがある。しかし、繰り返し同じ音を使うとすぐに慣れて効果があがらなくなる。

　ある動物の鳴き声のレパートリーがどれだけ変化に富んでいるかは、そ

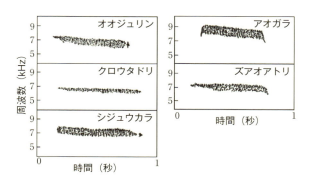

図 1.16　数種の鳥の出す警戒音
（マクファーランド，1981 および木村訳，1993 より）

の動物がどれだけ社会的，機能的に分化しているかということと関係している。昆虫ではコオロギやミツバチ，鳥類ではカラスやカナリヤの仲間などで，特有の鳴き声をもつ傾向がある。一方で独居性の肉食動物や猛禽類では鳴き方のレパートリーは狭く，ほとんど鳴かないものもいる。

　昆虫類の音声による情報伝達もよく知られている例であるが，とくにコオロギ，スズムシ，キリギリスなどに代表される直翅目やセミ類は，音も大きく美しい音色で歌う昆虫である。

　昆虫の鳴き声のパターンは，多くの場合生まれつきであり，学習によって変化することはないとの報告が多い。コオロギは，求愛，攻撃，呼びかけの鳴き声など何種類かの鳴き声をもっているが，鳴くパターンは遺伝的にほぼ決まっている。

　鳴き声には，攻撃行動や性行動を示す宣言歌がある。メスは同種のオスの鳴き声を聞き分け，音源に接近して反応する。コオロギやスズムシなどの直翅目の出す摩擦音は，脚やハネにあるヤスリ器とこすり器を摺り合せてつくられる。鳴き声は図1.17のようにそれぞれ違いがあるが，同じ発音器で鳴き方を変えているのである。まず宣言歌があり，ほかには他のオスが近付くと声高でパルスを一定間隔で繰り返す攻撃的な鳴き方がある。一方，メスが近くにいるときの鳴き方はソフトになり，ゆっくりした鳴き方

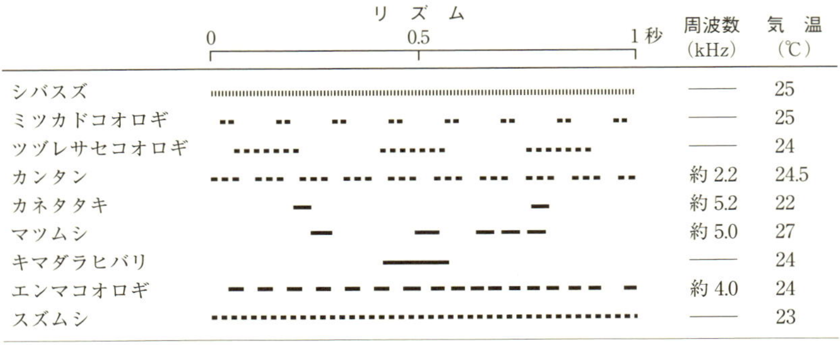

	リズム	周波数 (kHz)	気温 (℃)
	0　　　　　　0.5　　　　　　1秒		
シバスズ	▬▬▬▬▬▬▬▬▬▬▬▬▬▬▬▬▬▬▬▬	───	25
ミツカドコオロギ	▬▬ ▬▬ ▬▬ ▬▬ ▬▬ ▬▬ ▬▬ ▬▬	───	25
ツヅレサセコオロギ	▪▪▪▪▪　▪▪▪▪▪　▪▪▪▪▪　▪▪▪▪▪	───	24
カンタン	▬ ▬ ▬ ▬ ▬ ▬ ▬ ▬ ▬ ▬ ▬	約2.2	24.5
カネタタキ	▬　　　▬　　　▬　　　▬	約5.2	22
マツムシ	▬　▬　▬ ▬ ▬	約5.0	27
キマダラヒバリ	▬▬▬▬		24
エンマコオロギ	▬ ▬ ▬ ▬ ▬ ▬ ▬ ▬ ▬	約4.0	24
スズムシ	▪▪▪▪▪▪▪▪▪▪▪▪▪▪▪▪▪▪▪▪		23

図1.17　日本産コオロギ類の鳴き声のリズムと周波数（北野，1984より）

になり音は次第に小さくなって、最後にはささやくような鳴き方になる。このようにして雌雄はつがう用意が整っていく。昆虫で鳴くのは主にオスであり、それはオスからメスにおくられる求愛信号・ラブソングなのである。

視覚による情報伝達

視覚によるコミュニケーションは、動きと形を知覚する能力のあることによって成り立っている。ただし視覚信号は、遠距離の信号や障害物のあるところには不向きである。またホタルなどの発光生物を除いて、光を反射することによる信号は夜間にはまったく役に立たない。コミュニケーションは、体の姿勢、動作、表情、さらに体色、羽や毛の色、あるいは模様のような色彩のパターンによる。さらに光の点滅のパターンやタイミングが信号として用いられる。動物はこれらを独立に、あるいは組み合わせて使用する。動物の体色や模様は1つの信号ではあるが、それだけで動物が相手とコミュニケーションしているかどうかはわからない。

求愛や逃走、防衛などの行動で示す誇示や信号刺激（リリーサー；releaser）としての働きをもつ行動パターンの儀式化などは、視覚を基礎にして行動の進化の過程でつくりあげられてきたコミュニケーションの方法である。昆虫の中でも、色彩変化に富む翅をもつチョウ類の求愛行動では、

広く用いられている。

モンシロチョウやアゲハチョウのオスは、メスの羽の色と色彩パターンが性行動の触発につながりメスにひかれて近付く。メスとオスの接近を感知し、受け入れ状態のときと拒否の場合で異なる信号を送る。例えばキチョウの1種のオスは、草木にとまっている仲間の紫外線反射率と羽ばたき反応に基づいて求愛するかどうかを決めている。オスを受け入れるメスは、葉の上で3〜5秒くらい羽ばたきをやめて触角をまっすぐに伸ばし、腹部を斜め横に曲げる。受け入れる気のないときは、接近が終わるまで羽ばたきを続ける。同様のことがモンシロチョウでも知られている。

モンシロチョウのオスとメスで羽の紫外線反射率が異なり、これを異性認識のサインにしている（図1.18）。チョウ類では求愛行動に視覚信号とともに性フェロモンによる合図もあわせて用いる。

ホタルは光の明滅によって交信するが、種ごとに特異な色彩とパターンで光信号を出す。オスは飛翔しながらメスを探し、メスも受け入れる場合には種特異的な光信号で応答して交尾する。ところが、アメリカ東部に分布する捕食性ホタルのメスは、通常のホタルのメスの発光をまねしておびき寄せる。油断して偽のメス信号に近づいてきたオスに対して、メスの弱い発光信号をまねて近くにおびき寄せ、獲物が手の届く範囲に来ると捕食する。この捕食性ホタルは何種類ものホタルの発光をまねることができ、おびき寄せることが知られている。

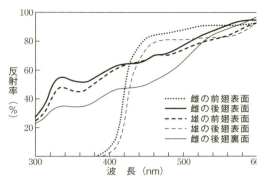

図1.18 モンシロチョウのオスとメスの紫外線反射率の違い（小原，1977より）

第 2 章　食糧自給と人口

2.1　日本の自給率の低下と食の欧米化

　我が国の食料自給率は先進国の中では飛びぬけて低く、圧倒的な輸入超過国である。穀物自給率は 30％（カロリーベースで 40％）前後、世界市場の 12～13％の量の穀物を輸入していると言われている。このような状況で、1993 年のガット農産物交渉の合意によるミニマム・アクセスによって一部コメ市場開放が行なわれている。このことによって、先進諸国はどこでも自給率の向上に努めているにもかかわらず、結果的に我が国ではさらに食糧の減産を促進するようなことになった。

　食糧の自給は、経済的、政治的独立の基本と言われ、エネルギーと並んで重要な事柄であるにもかかわらずエネルギー共々市場まかせである。このことは、市場の変動に大きく影響され、安定した国民生活が保てなくなる可能性が大きいということである。エネルギーに関しては、化石燃料中心の現状から自給は無理と思わされてきた。しかし温暖化問題対策としての欧州の自然エネルギー（再生可能エネルギー）が現実的なエネルギーになってきた。さらに動きの鈍い日本も原発事故を契機に、いきなり全てをとはいかないまでも、エネルギー自給にシフトせざるをえなくなった。この点は別章で改めて考える。

　我が国は、1993 年の米不作によって翌 1994 年には各地で国産米の買いあさりや価格高騰が生じ、店頭から国産米が姿を消すというような混乱が起きた（図 2.1）。これはこの年の米の不作によって需要の 8 割しかなくて起きたことである。我が国の自給率は米と野菜を除いて全体に低く、日本食の代表と考えられる味噌・醤油・豆腐の原料である大豆さえ大半が輸入に頼っているのである。

　こうしたなかで、1999 年には食料・農業・農村基本計画において、日本

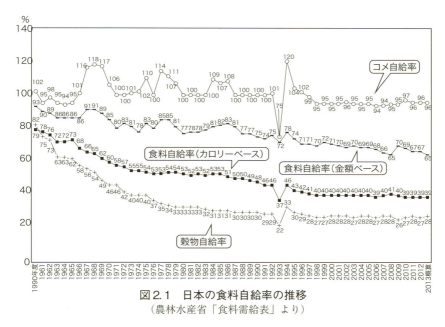

図2.1　日本の食料自給率の推移
（農林水産省「食料需給表」より）

の食料自給率の向上を目標として掲げた。目標年限と目標数値を明示したのははじめてであるが、長期的には50％以上、当面は2010年までに45％まで引き上げるとしていた。また食料自給率目標としてはカロリーベース自給率が採用された。日本のカロリーベースの自給率は1999年で40％、穀物自給率は27％にまで低下している。ただ自給率をカロリーベースで扱うと、家畜の飼料が大部分輸入でまかなっていることや、カロリー換算に入らない多くの野菜類の自給は、この場合の自給率に寄与しないことが違和感として出よう。

　ところで日本政府は2010年にＴＰＰに加わると言いだし、2013年には交渉に参加した。ＴＰＰ参加により日本の農業・農産物・畜産物は壊滅的な打撃をこうむることになった。口先では農業保護をあげているが、もはや農産物の生産は放棄して完全に食べ物は海外に依存する方針に転換したと言えよう。ところがこの点を曖昧にしたまま、ＴＰＰ交渉は進展している。にもかかわらず相変わらず多くの農業生産者は、「国益は守る」などと

第2章　食糧自給と人口　55

いう言葉を勝手に希望的に解釈して、政権与党を支持しているのである。

食の欧米化と自給率の関係

　我が国の食形態は1960年代以降大きく変化していった。その背景には戦後の「パン・ミルク」の学校給食が関わっていると言われている。1950年代、ヨーロッパ諸国は穀物の自給率を高める政策に転換し、それまでの輸出市場を失ったアメリカは大量の余剰小麦を抱えることになり、その販路を模索していた。

　この時期に日本の文部省（当時）は援助物資で開始された学校給食を、パン給食として全国に拡大したいと考えた。パン給食には安く入手できるＧＨＱの放出小麦粉が前提であった。一方ＧＨＱは、放出小麦粉の提供の条件として、完全給食推進の確約と引き換えにしてきた。ところが、パン・ミルクの給食開始から半年でアメリカは小麦贈与を中止した。まだ全国的な給食の開始直後だったために変更できず、以後は小麦とミルクを脱脂粉乳）をアメリカから購入しての学校給食になり、父母の半額負担になっていった。学校給食のパン・ミルク方式とその副食の肉や油脂を使った洋風メニューが、その後の日本人の「味覚変化と米離れ」を導いたと言われている。

　政府はこれに加え、この時期に栄養改善運動のもとに「ご飯、漬物、味噌汁」だけでは不足する動物性たんぱく質や油脂の摂取を奨励し、1956年から「流し台やコンロを積んだキッチンカー」を巡回させた。この背景にはアメリカの余剰農産物である小麦とトウモロコシを売るための市場開拓戦略の思惑があった。キッチンカーの費用はアメリカもちで、「小麦粉・乳製品、肉、卵」などを使った料理講習会が5年間、全国で実施された。

　栄養改善と体位の向上への運動は、1964年の東京オリンピックにおける体力勝負の種目でほとんど勝てなかったこともあってか、国民あげての運動となった。そこに目を付けたアメリカ政府は、官民あげて肉類の普及を図り、牛肉の美味しさの売り込みとしてハンバーガーの定着をはかった。

これが日本へのマクドナルドの進出である。

　栄養改善において動物性たんぱく質を従来の魚介類中心に考えていれば、現在かかえる「食と健康」の問題と自給率の問題は大きく異なった可能性がある。しかし、日本政府は、アメリカの安い農産物の売り込み攻勢と日本の工業発展で必要になる安い労働力の確保には、安い賃金とセットになる安い食料の確保が必要であった。また日本政府は、生産した安い繊維製品や工業製品の市場としてのアメリカの存在も考えた。アメリカと日本の思惑が一致して、アメリカからの安い農産物の大量輸入、農村部の疲弊・都市への農村部の労働力の供給という流れができていった。

　その結果、パン・ミルク・乳製品・肉を中心とする欧米型食事に急速に嗜好が変化した。このことは、本来自国で生産できる農産物を中心とする食形態とは無関係に国民の食事が変わったことを意味する。そのために、自給率の低下が構造的に定着することになった。

　どこの国でも食形態は、自国で生産できるものを組み合わせてつくられている。もちろん小麦も乳製品も日本でも生産可能であるが、パンに向く小麦は高温多雨な日本では生産できる地域が限られ生産量が限定的である。また肉や乳製品の生産には、餌にする多量の穀物が必要であり、土地面積が狭い日本で酪農をやるには、餌の輸入に頼らざるを得ないのである。しかも、欧米人が必ずしも食べていない霜降り肉は、牛に大量の穀物を必要以上に食べさせ、メタボ状態にする必要があるのである。

　このように、日本で自給できない「パン・乳製品・肉」を中心にした食事を多くの日本人が食べれば、自給率が低下するのは当然である。

　真剣に自給率を高めようと思うのであれば、この50年で大きく変化した食形態を自給農産物にあった形に是正しない限り目標達成は困難であろう。現在我々が食べている畜産物多消費型の食生活では、とうてい目標値の達成は難しい。大部分の餌を輸入に頼り、飼育を国内でやっているだけの畜産をどうするのか、ということから考える必要があろう。

　先進国はどこも農業政策に力を入れており、食料自給率が50％を下回る

国はごくわずかである。「食料が足りなければ、カネを払って輸入すればいい」という声もあるが、実際には「食料はできるだけ自給する」と考えている国が多いため、穀物が輸出に回されている量はかなり少ないという事実がある。穀物マーケットの専門家である齋藤利男によれば、世界全体のトウモロコシの生産量から輸出に回されているのはわずか6％。ただでさえ少ないのに、異常気象が発生して各国が穀物の輸出をさらに制限したらどうなるか。食料価格が暴騰し、日本の庶民が普通に食べることさえ難しい状況になるかもしれない。

　さまざまな要因で食料危機の到来が予想される今、日本は少しでも食料自給率を上げることを真剣に考えるべきだろう。

肉食が飢餓人口を増加させ水の枯渇をまねく

　古今東西共通していることは、「所得の増加＝肉食化」の道をたどるということで、世界人口の1/3を占める中国・インドの経済発展は、人口増加スピード以上に穀物需要を増加させ、食糧危機を増大させる懸念が高くなっている。

　おいしい肉が食べたいという人間の欲望、これを満たすためにつくられた牛の改良種アンガス。良質の牛肉生産には桁外れに多量の穀物飼料が必要になり、さらに穀物生産のために大量の灌漑用水が必要になる。安いハンバーガーのために、広大な森林を伐採して化学肥料と農薬を大量に投与して安い穀物飼料を生産する。これまで国内自給してきた中国がトウモロコシなどの穀物の輸入を始め、その量は増加の一途をたどっている。経済発展が進み、これに比例して牛肉消費が急増し、この20年間で20倍の増加を示している。

　現在、世界全体では、作物によって生産されるたんぱく質の53%（アメリカでは80%、ブラジルで79%、中国で42%、インドで18%）が家畜に与えられている。家畜に与える穀物の半分を人間に回せば、新たに20億人を養える。さらに家畜飼料とバイオ燃料作物を生産するための農地を、人

間が食べる食糧生産用に転換すれば、新たに40億人を養えるとミネソタ大学環境研究所が発表している。

　肉を多く食べると飢餓人口がなぜ増えるのかというと、穀物と肉のカロリー換算で考えるとわかり易い。1 kgの畜産物（肉）を生産するには、その何倍ものカロリー量になる餌を家畜に食べさせなくてはならない。与える餌量は家畜の種類によって大きく異なるが、カロリー変換率は非常に悪い。これまで低所得だったために十分な栄養を摂っていなかった人たちは、所得が増加すると食べる量が増えることになるが、食べる畜産物が増えると必要な穀物量が6〜7倍も増えることになる。ちなみに牛肉1 kgを得るには8 kgの穀物を与える必要があり、豚肉では4 kg、効率のよい肉であるニワトリや魚では2 kgの穀物が必要になる。

　世界の食料として利用できる栄養（カロリーとたんぱく質）を増加させるのに最も効果的で簡単な方法は、牛肉の消費量を減らすこと。豚肉や鶏肉に切り替えるだけでも多くの飢餓の人々を救えるようになる。このような視点から21世紀の食糧事情を心配する人たちは、急成長する中産所得の国々や開発途上国の食生活の変化を注目している。研究者は、世界の飢餓線上にいる人々の食糧は、農作物の用途のうち家畜の飼料とバイオ燃料への配分を少し減らすだけで大幅に減らせると指摘している。

　かつて生産されていた肉牛は牧草だけで育ったが、肉質が硬かったのでステーキにはならなかった。しかし英国でつくられた改良種のアンガスは、脂肪分が多く肉質の柔らかい肉牛である。アンガスの誕生とそれを輸入した北米大陸では、ビーフ消費が増大していった。現在世界中にアンガスの交配種が広がり、日本でも和牛と交配させ品種改良されて松阪牛・丹波牛などの「霜降り肉」が有名になっている。この「霜降り肉」の和牛には、1 kgの肉を得るに10倍・10 kgの飼料（トウモロコシ、大豆、小麦、野菜など）を与える必要がある。そのために大量の穀物輸入が必要なのである。

　人口1億を超える10カ国の中で、穀物自給率が30％以下の国は日本だけであり、世界の食料需給に大きな影響を与えている。つまり、お金を持

っている日本が大量に食料を買うことにより、世界市場の食料価格が高くなり、貧しい途上国は購入できなくなり、「場合によっては恨みを買う」ことになる問題を抱えているのである。

「食料は国民の生活に欠くことのできない基礎的な物資」である。また農業、農村は農業生産活動を通じて、「食料の供給に加えて、環境の保全、水資源の涵養、緑や景観の提供、地域文化の継承等の公益的、多面的な機能を発揮している場」である。このようにようやく農業が国家にとっていかに多面的で重要な役割をもつかということを、再認識する必要がある。

肉食化する中国

2013年現在13.5億人の人口を抱える中国は、年間1500万人ずつ人口が増えている。この人口増加とともに脅威となっているのが、急速に進んでいる食生活における肉食化である。中国のGDP（国内総生産）は伸び続けており、経済成長にともなって食肉の消費がどんどん拡大しているのである。

経済が成長して所得が増え、家計にゆとりができれば、まず生活の根本である食事に豊かさを求める。穀物を中心にしていた食事から、卵、鶏肉が増え、やがて豚肉、牛肉へと、食事の内容がステップアップしていく。この変化は人間の自然な食願望であり、人類の歴史も一様にそうだった。日本の戦後、とりわけ1960年代の高度成長期以降の日本人の食生活も、大きな外的作用があったにせよ同じように肉食化し、アメリカの思惑通り餌である穀物の大量輸入国となった。

中国の肉食化による穀物消費量の増大を如実に示しているのが、1994年以降の穀物の輸入だ。それまでは中国は世界有数の穀物輸出国だった。穀物を自給できる体制にあり、さらに海外に輸出できる大量の余剰生産物があった。ところが、食肉生産に使われる穀物の量がみるみるうなぎのぼりに増えていき、国内の生産量では間に合わないようになった。中国は2006年まで穀物1000万tの輸出国だったが、2013〜2014年期には2200万t

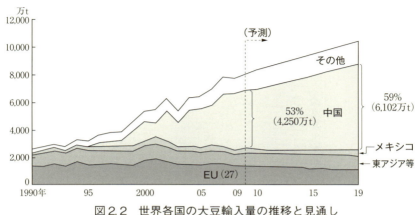

図2.2　世界各国の大豆輸入量の推移と見通し
（米国農務省「PS&D」,「Agricultural Projections to 2019」より）

もの穀物輸入大国になってしまったのである（図2.2）。こうなると、日本と中国で穀物の争奪戦が発生するであろう。

肉食と森林破壊

　家畜の放牧は森林を破壊し、砂漠化の拡大にまでつながっていると言われている。特にブラジルのアマゾン流域とインドネシアの熱帯林の減少はすさまじい。ブラジルでは世界で一番多数の牛が飼われ、豚も世界第3位の飼育頭数である。砂漠化の原因の1つに過放牧があげられるが、安いハンバーガー1個のために5㎡の森林が失われるとの試算がある。1個100円くらいで売られているハンバーガーは、アマゾンなどの熱帯雨林5㎡を食べているようなものである。

　地球温暖化と肉食も関係があると言われている。牛などの反芻動物は、餌の消化過程でゲップ（メタンガス）を排出する。地球温暖化の20％はメタンガスによるものであり、そのメタンガスのうちの約15％は家畜に由来する計算になる。家畜由来のメタンガスは、ゲップだけではなく排泄物からも発生しているのである。

　地球温暖化と肉食の関係は、メタンガスだけではなく二酸化炭素の発生

第2章　食糧自給と人口

もある。飼料生産時のトラクターやコンバイン、農薬や種子の散布に使われる飛行機、農薬や化学肥料製造時に発生する二酸化炭素もあげられる。さらに穀物や肉の輸送に伴う排出量や倉庫・スーパーでの保冷での排出と様々なことが出てくる。

　森林の伐採による二酸化炭素の放出、土中にあるメタンガスの放出、森林の減少による二酸化炭素の吸収源の減少と、多面的な問題が含まれる。

食糧安保

　アンガスの登場はおいしい肉を提供したが、穀物の大量生産・大量消費とセットになっていた。20世紀の経済発展で先進国では肉食の要求が高まった。この要求を満たしてくれたのがアメリカの巨大多国籍企業・穀物商社であるカーギルなどである。アメリカにおける農業の大規模化・機械化は、国内市場の需要以上の生産力を確保した。アメリカ農業は大量の穀物を生産できるが、輸出先が安定していないと、とんでもない不況になる。そこで国を挙げて輸出先確保のためになんでもやった。世界の人々の食生活を変える戦略を立てた。

　その結果、1970年代には世界中の多くの国々がアメリカの穀物に支配されていった。そのターゲットの1つになったのが日本である。日本は安定して経済発展し、人口も多いことから丁度良い市場であった。また、この大量の穀物輸出は外交上の大きな武器にもなるので、経済的な利益だけでなく、外交上の切り札である。国内で食料を自給できない日本に対しては、有効な切り札である。

　アメリカは、この輸出先のターゲットとして中国市場を窺っており、第一段階として、穀物を大量に与えたビーフのおいしさを一般国民に知ってもらうことから始めた。この戦略の背景を知っている中国は、穀物の輸入を開始したが、アメリカだけでなくウクライナなどいくつかの国から買っている。

　アメリカの巨大多国籍企業にとっては、儲けの対象になるならどこでも

良く、自国の学校給食メニューもジャンクフードであふれているのが実態である。学校給食を変えれば生徒たちの生活態度・意欲・集中力が向上することが判っていても、巨大なジャンクフード会社の圧力が強くて改善できないでいる。巨大な多国籍企業は、儲かれば何処からでも利益を上げようとする。それが健康に問題のあるものであっても、訴えられ敗訴しない限り、売り続けるのである。

アメリカの巨大多国籍企業にとっては、ジャンクフード、ファストフードや過剰な動物性たんぱく質の摂取により庶民に病気が起きても、その生産が原因で世界の飢餓が増大しても関係ないことである。またアメリカの穀物生産地が20年後には地下水の枯渇で砂漠になることが判っていても、いま儲かれば良いのである。

2.2 TPPは日本を滅ぼす

TPPの正式名称は（Trans-Pacific Partnership）であり、政府は環太平洋戦略的経済連携協定を結ぼうとしている。この協定締結に関しては、国民にほとんど説明することなく、「バスに乗り遅れる」、「国益になる」と中味を言わずに話を進めようとしている。ここでは、プラスと言われることと、心配されるマイナス・リスクをあげて考えてみる。

2.2.1 TPPとはどのようなものか

TPPは、サービスやモノの貿易自由化だけでなく、政府調達、貿易円滑化、競争政策などの幅広い分野を対象としており、物品の関税は例外なく10年以内にほぼ100％撤廃するのが原則である。(*)

安倍首相は、「交渉力を駆使し、わが国として、守るべきものは守り、攻めるものは攻めていきます。国益にかなう最善の道を追求してまいります」と述べた。しかし、「なにが守るべきものか」、「攻めるものか」全く示さない。当初から問題にあげられている農業に対する懸念はもちろんのこ

と、中身が不明確なまま、協定に加わることが国益になるとしている。今の時代に「全て秘密裡にすすめられる協定の胡散臭さ」である。

 （＊）政府調達：政府が行政のために物品やサービス、あるいは建設工事などを調達することである。

ＴＰＰのプラス面とは

まず政府のあげるプラス面として次のことが言われている。

①関税の撤廃により貿易の自由化が進み、日本製品の輸出が増大する。

 日本は貿易立国と言っているが、貿易依存度は先進国の中で下位にあり、貿易の自由化により輸出が増大してもメリットは大きくないのである。例えば中国と日本の輸出依存度を比較すると、中国が26％に対して日本は14％、韓国は50％、アメリカ10％である。

 輸出総額 ÷ ＧＤＰ ＝輸出依存度（貿易依存度）

②貿易障壁の撤廃により「大手製造業企業にとっては企業内貿易が効率化し、利益が増える」。

 ここで述べているように貿易による利益は一部大手製造業企業に限られるということであり、国民にとっての利益ではないのである。

③鎖国状態から脱してグローバル化を加速させることにより、ＧＤＰが10年間で2.7兆円増加すると見積もられている。

 上記３つがプラスとされているが、この程度のプラスで以下にあげるマイナスを上回るとはとうてい考えられない。

 同様に必死に日本をＴＰＰに加えたいアメリカも貿易依存度からすると10％程度である。なぜこれほどＴＰＰにこだわるのか疑問であるが、その背景を見ると、アメリカと日本の多国籍企業を中心にした１％の富裕層の利益がアップするのであり、99％の国民に対する恩恵は疑問なのである。

心配されるマイナス面

マイナスと懸念されることはプラスに比べて圧倒的に多い。

①海外から安価な商品が流入することによってデフレを引き起こす可能性がある。

　安倍首相は、アベノミクスの柱として「デフレからの脱却」を強調しているが反対のことになるのである。
②関税の撤廃によりアメリカなどから安い農産物・特にコメが流入し、日本の農業に大きなダメージを与える。
③遺伝子組み換え食品・食品添加物・残留農薬などの規制緩和により、食の安全が脅かされる。
④医療保険の自由化・混合診療の解禁により、国保制度の圧迫や医療格差が広がることの危惧がある。
⑤ＩＳＤＳ条項（ＩＳＤ条項）の存在

　ＩＳＤＳ条項とは、投資家の権利として、外国政府の不当な差別的政策により何らかの不利益が生じた場合、相手国政府を相手に訴訟を起こす権利を与えるといった取り決めである。日本の法律を無視して世界銀行傘下の国際投資紛争解決センターに提訴することが可能である。その結果、日本政府や自治体は法外な賠償金を請求されるか、不都合な法律改正を迫られる可能性があるのである。この辺の事情を見越して、牛肉のＢＳＥ対策としての検査対象を20カ月から30カ月に延ばしている。ＴＰＰ交渉において日本に不利な内容での締結が迫られる可能性があるとして、ＴＰＰ反対派が問題視している。
⑥ラチェット規定の存在

　一度自由化・規制緩和された条件は、当該国の不都合・不利益に関わらず取り消すことができない。
⑦ＴＰＰ離脱に対する訴訟リスク

　ＴＰＰのルール上は、離脱はいつでも可能とされるが、実際上は海外企業から莫大な損害賠償が予想され、ＴＰＰ離脱は極めて困難と考えられるのである。

農業におけるデメリット

　政府のあげるデメリットでは、農業だけが強調されて、デメリットを矮小化している。しかし農業・食料に限っても将来的に安定的に食料が手に入る保証は全くない。むしろ懸念材料の方がはっきりしている。温暖化により穀物生産量は45％減少する可能性があるとの試算がある。また牛肉と穀物輸出を伸ばしたいアメリカは、当面の生産と輸出は可能であろうが、灌漑用地下水の枯渇（オガララ帯水層）、シェールガス採掘による地下水汚染の問題がある。

　農産物は自由化すべきでないことがはっきりしていることを、関良基（拓殖大学政経学部准教授）は以下のように述べている。

　農産物と工業製品の大きな違いは、価格変動したときに需要がどの程度変化するかである。穀物価格は乱高下するが、工業製品は価格の乱高下はない。つまり食料は、高くても安くても必要な総量はほぼ決まっていることから、需給バランスが少し変動するだけで乱高下する。このことは、すでに何度も経験が示している。メキシコでは2007年にトウモロコシ価格が高騰したが、北米自由貿易協定（ＮＡＦＴＡ）締結後トウモロコシの自給率が著しく低下し、アメリカ依存が高まった。この数年、アメリカではバイオ燃料需要が高まり、トウモロコシ価格は大幅に上昇した。

　メキシコでは貿易自由化で生産性は向上したが、賃金の増加には結びついていないのである。メキシコ政府は自由貿易の名のもとに自国の小規模農家の助成金や支援をカットした。一方でアメリカ政府は自国の大規模農家に助成金を与え、安い遺伝子組み換えトウモロコシがメキシコを支配した。食料・農産物に関しては、自由貿易に加えるべきではないのである。食料は工業製品とは全く異なり、規模や栽培環境の違いが大きく、世界的な流通が限られ、しかも国家の自主独立にかかわる問題である。

　工業製品は、必需品ではないので高ければ買わないですませられるが、生活必需品の食糧はそうはいかない。貿易の自由化によって需要が急に伸びることはない。生産がダブつけば価格は急落するが、需要は伸び悩むこ

とから生産者が困るのである。一方で価格の急騰によって消費者が困り、世界の貧困層を飢餓に追い込むことになる。穀物は、安定した供給がなにより大切なのである。

　ＴＰＰでは、農産物も工業製品も同列に扱って例外なく関税を撤廃せよとしている。一方でアメリカの農業補助金制度は不問にされたままである。当面アメリカの穀物生産量は確保できるかもしれないし、日本にコメを売り込もうとしているが、地下水枯渇問題を抱えている。しかし、日本のコメ生産量見通しは、いま大幅に減少したら生産者の面からも復活は無理であろうと考えられ、まさに瀬戸際なのである。

　また、これまで農水省は水田の多面的機能についても強く主張してきたが、特に中山間地のもつ機能として、国土の保全、水源涵養機能、自然環境保全、良好な景観の形成など多くの機能が失われる。この部分の機能と損失はＴＰＰのデメリットに反映されておらず、「国土保全」の視点から莫大な工事と費用が必要になる。

急いで譲歩を繰り返した安倍政権

　参院選前にＴＰＰ問題を処理したかった安倍首相は、アメリカとのＴＰＰ事前交渉で一方的に米国業界の意向に沿って「米国車の流通制度や安全基準、補助金制度」で協議することを約束した。自動車分野での「米国の関税撤廃を最大限後ろ倒しする」約束、また保険や食品の安全基準における非関税措置についてもＴＰＰと並行して日米間で取り組むことになった。

　全くの交渉の見返りなしで一方的にゆずっており、農産物の抱える課題の解決は全く入れられていない。一方で日本国内では、農産品の関税を残せるような説明をしているが、その保証は全くないのである。これまで我が国は、「不自然な食べもので知られる遺伝子組み換え作物」に関して表示義務があったが、アメリカはこの表示を消そうと画策している。組み換え作物の環境や人体に与える影響はだれにもわからないのである。

　我が国では、わからないことは安全として扱うことがほとんどである。

遺伝子組み換え作物は、すでに表示義務のない醤油や食用油では大量に使用されており、世界最大の使用国といわれている。他方でフランスは、遺伝子組み換え食品を禁止している。そうできた背景には、フランス人は、きちんと料理をして良い食生活を送ることに高い価値を見いだしている。遺伝子組み換え作物のような、正しくテストされていない食べ物を自分の食卓に持ち込みたくないのである。

　日米同盟の強化（ＴＰＰでゆずって、おべっかを使うこと）で、北朝鮮や中国の脅威を避けられると勝手に皮算用している。その意味では、北朝鮮や中国の脅威を誇張して我々の目を逸らしているのであろう。尖閣列島を突然国有化したシナリオも、仕組まれたものに思われてくる。アメリカの民間保険のライバルになる「日本郵政のかんぽ生命保険やがん保険」などの新商品展開を凍結させるとの約束もしている。

　アメリカは、さらに公共事業への「アメリカ企業の参入」を求め、北朝鮮や中国の脅威に対する備えとして「アメリカ製兵器の購入」を求め、「食品安全基準の緩和」を求め食品添加物規制をアメリカ並みにすることを求めている。その中で、穀物のポストハーベスト農薬のチェックの緩和が決まっている。

　その他の懸念
　その他の懸念は医療保険と医療機器、医薬品の問題である。
　元外務省国際情報局長の孫崎享氏は以下のように問題をあげている。アメリカはすでに日本の医療改革を官民で激しく要求している。日本の経済界、政治家、官界等で国民健康保険を実質的に崩壊させていく改革への動きを強めてゆく。国民健康保険が機能すれば、アメリカの医療保険に入る人はいない。アメリカの保険業界はこの状態を打破したいのである。現状では日本医師会や日本歯科医師会が医療をＴＰＰの対象にすることには強く反対しているが、国民の中にほとんど伝わっていない。

　日本医師会としても「米国が公的医療保険そのものの廃止を要求してこ

ないことは想定済みである。株式会社の参入を要求したり、中医協（中央社会保険医療協議会）での薬価決定プロセスに干渉したりすることを通じて、公的医療保険制度を揺るがすことが問題である」としている。

日本医師会が考える「国民皆保険」の重要課題（日本医師会、2012年3月14日定例記者会見）として、以下のようにあげられている。

①公的な医療給付範囲を将来にわたって維持すること
②混合診療を全面解禁しないこと
③営利企業（株式会社）を医療機関経営に参入させないこと

さらに日本歯科医師会は2013年2月7日、以下のように述べている。

「我が国の医療は、これを公助、共助、自助の精神で制度化されたもの、つまり国民皆保険制度として歴史的に構築されてきたものである。医療をＴＰＰという国際市場の一部に乗せることはしてはならない」ということである。

日本医師会は2012年11月15日にも、医療の営利産業化に向けた動きがあるとして懸念を表明してきている。

これまで小泉構造改革の下で社会保障費のスリム化が図られた。続いて2012年7月31日に野田内閣は「日本再生戦略」で「社会保障分野を含め、聖域を設けずに歳出全般を見直すこととする」とした。財務省の筋書きで野田政権は動いたのである。そして安倍政権は官僚機構を極めて重視している。日本は国民健康保険を崩す方向に動いている。

この政策を喜ぶのはアメリカの保険会社である。ＴＰＰのシナリオに合わせるために小泉構造改革の下で「郵政民営化」もすすめられたのである。その延長上には、日本国民の郵便貯金と簡易保険（総額345兆円）を食い荒らすことが画策されているのである。

まとめ

どのようにみても、ＴＰＰのプラス面とマイナス面を比較するとマイナスが圧倒的に大きく、プラスになるのは1％の企業と政官財のお偉方のた

めのものでしかないことが見えてくる。日米の大部分の国民にとっては、マイナスと対立が待っているのである。

　ＩＳＤ条項とラチェット規定から、両国間の対立は鮮明化し、そのあおりで両国民間での感情的な対立も含めひどいことになるであろう。現政権が頼りにする日米同盟の強化のシナリオもくずれる可能性も見えてくる。ＴＰＰ協定により日本の将来は、ハゲタカ（日米の多国籍企業の富裕層）にむしられるだけむしられる植民地状態になる実態が見えてくる不幸な協定である。

2.3　日本の食品廃棄問題

2.3.1　食品廃棄問題

　日本は世界最大の食料輸入国であるとともに、食べ残しも含め食品廃棄大国でもある。このことは、資源の浪費であるとともに環境負荷を与えることでもある。この無駄に廃棄する部分を家畜のえさ用に加工することや、バイオマスエネルギーを取り出す資源として利用する可能性はあるが、食べるものが無い飢餓人口が少なくない現状からすると、解決が求められることである。

　我が国の廃棄食品は家庭やレストランにおける食べ残し以外にも、消費期限・賞味期限切れによる廃棄が食品産業だけでなく家庭でもあり、家庭での食品廃棄も同じような理由である。家庭での廃棄は自分の責任で変えることができるのであるから、もっと食べ物を大事にすることができよう。また購入時の意識として消費期限・賞味期限切れの近くなった食品は、しばしばセール品として安くなるが、このとき考えて行動する必要がある。

　家庭での食品ロス率は4.2％、食品廃棄物のうち一般家庭から出る分が55％、企業からの分と合わせると年間500～800万ｔにも上ると言われ、ずっと横ばいが続いている。この廃棄食料の量は、我が国のコメ消費量850

万 t に匹敵する量である。

 個人で実行できる方法
　無駄を減らすために個人で実行できる方法は以下のようである。
1 ）食品を買いに行く前に在庫を確認する
　①無駄に在庫品を買わないこと。
　②冷蔵庫の食材や保存食の在庫をチェックし、必要なものを必要なだけ買う。
　③こまめなチェックで生ものや野菜など傷みやすい食材を無駄なく消費するようにできる。
2 ）使い切るチェック
　①鮮度が肝心な肉や野菜、卵は使い切る。
　②肉は 1 回に使う量に分けて冷凍保存する。青菜はまとめてゆでて冷蔵しておくとすぐに使えて便利である。
　③開封した日や冷凍した日付を記入する。
3 ）食べきる、食材の工夫を
　①捨てていた大根の葉は味噌汁の具に、ニンジンの葉は天ぷらになど、食材を使い切る。
　②残ったポテトサラダはサンドイッチに、野菜炒めはナンプラーを加えてエスニック風にアレンジするなどで 1 品が 2 度楽しめ、工夫で使い切る。
4 ）食べきれなかったら持ち帰りを
　①仲間との外食も楽しみの 1 つだが、大抵食べ残しが出る。お店の人に声をかけ持ち帰りにしてもらう。
　②欧米では「doggy bag」（ドギーバッグ）といって持ち帰り用のボックスがどこの飲食店にも置いてある。食べきれない料理の持ち帰りは恥ずかしいことではない。
　③昔は日本でも当たり前のことで、折詰があった。現在はエコの観点か

らカッコイイ行動である。

廃棄食料のうち、食品リサイクル法によって飼料や肥料として再利用されている量は25％に過ぎず、食品業界から出る量の半分と家庭からの生ゴミは、殆どの量が焼却処理されている。この焼却によって排出されているCO_2量は日本の排出量の3％に当たる。この廃棄食料からのCO_2削減だけで京都議定書で約束した削減量の半分になる。いかにゴミ焼却という馬鹿げたことをやっているか、せめてバイオマス利用によりエネルギーを回収すべきであろう。そもそも廃棄食料は削減すれば一石二鳥なのである。

年間廃棄食糧

世界で年間廃棄される食糧は13億t（75兆円）にもなっている。低所得国の場合は、生産農家に適切な貯蔵や冷蔵施設が無いことから、消費者の手元に届く前に腐敗する量が多い。また所得の高い国の場合は、2.22億tの食糧が廃棄されている。この廃棄量は、サハラ以南のアフリカの総生産量に匹敵すると言われている。身近な日中韓などの廃棄の理由を野菜について見ると、見た目が悪いことから売れずに廃棄する量が年間1人当たりに換算して100 kg、米などの穀物で80 kg／人にもなっている。北米・南米の食肉産業や、アジア、欧州、中南米における廃棄問題もあげられる。

さらに食品の賞味期限を守ることによっての廃棄量が莫大になっているのである。

世界的な廃棄食品問題

身近な日本でも、まだ食べられるのに捨てられる「食品ロス」を見直す動きが出ている。加工食品メーカー、卸売り、小売業者が食品業界のルールを見直す準備に入った。大量に廃棄される食品は単に「もったいない」だけでなく、経済的な損失も大きいことから、多面的に減らす工夫が必要である。

世界的に行なわれているフードバンクは、包装の傷みなどで、品質に問

題がないにもかかわらず市場で流通できなくなった食品を、企業から寄附を受け生活困窮者などに配給する活動団体である。日本でも各地にあり、生活困窮者・野外生活者・児童施設などに供給している。賞味期限が迫った清涼飲料水、新製品と入れ替えられた菓子、印刷ミスがあるカップ麺などいろいろある。食品・飲料メーカーが「売ることができない」と判断した品々で、捨てられる運命の商品を有効利用するものである。福岡市内にもNPO法人「フードバンク九州」があり、年間約40ｔが児童養護施設や困窮家庭に無償提供されている。無駄に廃棄される食品のささやかな有効利用の例である。

　食品ロス
　売れ残って廃棄された食品や飲食店での食べ残し、家庭で捨てられた食材などを「食品ロス」という。農水省によると、国内では年間500万〜800万ｔが発生（2010年度推計）し、日本の米収穫量約850万ｔに迫る量である。食品ロスを減らすには、「消費者向けの食育の中で、食品ロスを減らすための注意など知らせることも必要」になる。賞味期限は、保存のできるカップ麺などの食品が「おいしく食べられる期限」である。消費期限は、弁当やおにぎりのような傷みやすい食品が「安全に食べられる期限」である。賞味期限の意味や、1/3ルールで食品が無駄になっていることを消費者が理解すれば、賞味期限が近い食品を敬遠しなくなるのではないか、という指摘もある。

　食品ロスを発生させる原因の１つとして、消費者の過度な鮮度に対する反応が考えられるが、食品ロスに対する認識を変えてもらうことも必要であろう。消費者庁はホームページで「食べもののムダをなくそうプロジェクト」に関したページを設定している。

　もう１つ、大量に食品ロスを出す原因として、食品業界の「1/3ルール」と呼ばれる長年の商慣習の問題が指摘されている。これは、賞味期限までの期間を［メーカー・卸］［小売り］［消費者］という流通過程で３等分し、

それぞれの期間内に各段階を通過しなかった「在庫商品」は、その時点で排除する（廃棄に回す）というものである。「新鮮な商品をより多く並べ、欠品させない」ことを目的する結果としてつくられた。しかしこのルールによって、賞味期限までに時間的な余裕がある食品が、大量に廃棄に回される。この過剰な新鮮食品サービスは、消費者の過度な「鮮度志向」も関係していると考えられる。

　食品ロスの半分は、家庭で発生する。家庭の生ごみには、手つかずの食品が2割もあり、そのうちの20％以上は賞味期限前に捨てられているのである。家庭での食品ロスを減らすには、「買いすぎない」ことと「使いきる」ことであり、このことはすでに述べた。身近な消費行動の中で、少し考えて行動するだけで、食品ロスを減らせることが可能である。店に並んでいる食品を買うときに、すぐ食べることが決まっている場合、古い日付のものを選んで買う。そうすることで「捨てられる食品」を減らせる可能性がある。同様に、期限切れが近い食品の割引品はできるだけ購入することも廃棄を回避することになる。ただし、すぐに食べる可能性が無いものは安くても買わない、さもないと捨てることになるからである。

　新鮮なもの、きれいに揃えられたものを我先に選び取るのではなく、規格外でも多少新鮮でなくても、生産者への感謝も込めて「いただきます」という感覚も育てたいものである。謙虚に、食べ物から命をもらって生きてゆくという素朴な生き物としてのヒトであることを意識することがあっても良いのではないか。このような身近にできるささやかな行動が、飢餓に苦しむ人たちを減らす第一歩につながるであろう。

2.3.2　昆虫が食糧危機を救う

　世界各国の中で、昆虫を食料にしている国は少なくない。日本でも長野県では伝統食としてイナゴやスズメバチ（蜂の子）、ザザムシ（カワゲラ、トビケラ）、カイコの蛹などが佃煮として利用され土産にもなっている。九州でも熊本県五木村の民宿で、から揚げにしたスズメバチの成虫と蜂の

子が出された記憶がある。また子どもの頃には、薪の中に入っているカミキリムシの幼虫をから揚げにして食べたが、美味であった（新潟）。

東南アジアのタイ、カンボジア、ラオス、ベトナムでは普通に食用として昆虫のから揚げが売られている（図2.3）。東南アジアで主に食べ

図2.3　昆虫のから揚げ
（河内，2014年撮影）

られている昆虫は、タガメ、コオロギ、バッタ、イナゴ、蛾の幼虫、クモ、アリとそのサナギ、各種甲虫とその幼虫、サソリ、セミなど多様である。他地域のアジア、アフリカ、ラテンアメリカを含めると1900種の昆虫が約20億人の食料になっている。

これらの昆虫が、将来人類の新たな「たんぱく質補給源」として期待されているのである。従来食べられてきた昆虫は、自然界のものを捕まえて食べていたものが多いが、これからは養殖しようというものである。昆虫は、牛や豚などの畜産と比べて手間も空間もかからずに飼育可能であると期待されているのである。短期間に増殖できて栄養価も高いと評価されている。ただ先進国の多くの人々には、見た目の悪さとこれまでの経験の無さから敬遠する人が多いであろう。

野生動物と昆虫は、これまで森林地帯に住む多くの人々の重要なタンパク源になってきた。ＦＡＯは次のようなメリットをあげている。例えば、畜産動物と比較すると、牛肉に含まれる100 g当たりの鉄分は6 mgであるのに対して、イナゴは100 g当たり8～20 mgになる。昆虫の養殖は、家畜と比べて温室効果ガスの排出量が少なく、1 kg当たりの温室効果ガス排出量を見ると、豚はミールワームの10～100倍にもなるという。昆虫食は肉や魚と比べても栄養価が高く、繊維質も多く、養殖における温室効果ガスの発生の少なさからも有望である。

昆虫は繊維質が多いものや、肉や魚と比べても栄養価が高いものもいる

第2章　食糧自給と人口　75

ことから、栄養不良の子どものための栄養補助食品として非常に有望である。また、温室効果ガスの発生が少なく環境にも優しいのである。

どの昆虫を食用にするのが良いかという点は明確にしていないが、栄養価の高いとされる特定のカブトムシ、アリ、コオロギやバッタなどのほか、クモやサソリについても食用の可能性を検討しているという。

2.4　クラインガルテン（家庭菜園）は日本の自給率をアップする

2.4.1　ドイツのクラインガルテンから学ぶ

最近は日本でも市民農園が各地につくられており、そのこと自体は目新しくはないし、市民農園と言わなくても庭先などの家庭菜園は古くからあった。しかしドイツの場合、郊外や住宅地を歩くととても多く見られ、環境と食の安全、健康という面も考慮した政策的な位置づけもあることを聞くと、日本でももう少し工夫があって良いのではないかと思われる。

ドイツのクラインガルテンには歴史と文化があるし、それなりの規制もあって単なる趣味と実益のための家庭菜園ではない。歴史的には、1832年にライプチヒのセーブルク博士による失業対策事業を兼ねて、市民によって開墾された農園から始まった。

その後現在の形になったのは、19世紀半ばに医師のシュレーバー博士（Dr. M. Schreber）が、産業革命による都市化がもたらした住環境の悪化から、子どもたちの健康を考えて遊び場の重要性を説いた。弟子がシュレーバー博士の思想に学び、シュレーバー協会が設立され全国に広がった。この協会の考え方により、子どもの遊び場をもつ農園をつくった。子どもの健康だけでなく、工業労働者の劣悪な労働環境から健康を回復するための場を提供する意味もあった。その後の第一次大戦時には食糧自給策に組み込まれた時期もあるが、20世紀の早い時期には、都市政策に組み込まれて、クラインガルテン法が制定された。

クラインガルテンはコミュニテイ形成の場に

このように時代とともに性格が変化してはいるが、21世紀の新たな役割を持つ場、高齢化社会の交流の場として維持されていくと考えられる。クラインガルテンは市民農園と日本では訳されているが、面積からすると、大きいものは1区画300㎡、小さめでも100㎡と、日本のものとは規模の違いを感じる。また野菜だけでなく、果樹や花なども植えてあり庭的機能もある。区画はもちろん園路や共有地の管理運営は利用者が自主的に管理することになっており、子どもの遊ぶ広場と緑地広場が中央付近に必ずある。このようにコミュニテイ形成の場としても機能するような工夫がされている。

利用料金は年間3万円前後（都市による若干の違いはある）、契約期間は25年あるいは無期限と長く利用し易いが、譲渡は配偶者に限定されている。契約期間が長いことが特徴であり、日本のように数年で場所の交代ということはない。このことは、果樹の植栽や、有機栽培と土づくりなどを考える場合に重要なことである。

市民農園は人の健康と生物多様性を高める緑地の一部に

ミュンヘンのクラインガルテンでは、市民が利用するためのシステムも整えられており、市民にも環境にも配慮されている。参加会員だけでなく、市民の憩いの場としても利用されている。

① 化学肥料の使用は禁止、庭園士が常駐して指導する。
② 冬場は野菜づくりのセミナーが開催される。

また今日、クラインガルテンは産業界による環境破壊との

図2.4　ドイツのクラインガルテン
（河内，2008年撮影）

関係から重要な社会的意味を持っている。都市部の賃貸住居に住む人たちの住まいや居住環境に欠けている自然とのふれあいを考慮し、都会の中での自然を仲介するものである。

　昔も今も変わらず多くの人々は、人口密度の高い都会では、ゆったりした空間の少ない、充分に広いとはいえない住居に住んでいる。クラインガルテンは、職業を持っている多くの利用者に対して、画一的な仕事との調整の場と時間を提供しており、国民の健康といった視点からもこれを奨励するものである。またクラインガルテンは、建造物の密集した場所の緑化や息抜きを与えるという重要な要素をもつ。町の中に多くの緑を提供し、エコロジカルな基盤を改善するものでもある。さらにクラインガルテンは、調和と保養の重要な機能を持ち、特に都市の気候を調整する機能（暑い夏、寒い冬のオアシス機能）をも満たすものである。

2.4.2　市民農園で自給率アップをはかる

　ドイツのクラインガルテンやロシアのダーチャ（都市住民が郊外に所有する小屋付き菜園）は、食糧の自給に大きく貢献しているようである。石塚（1998年）によると、ロシアのダーチャの野菜とジャガイモの生産割合

表2.1　ロシア・サハリンの農業の実態とダーチャの位置づけ

(石塚修、ホームページより)

a．サハリンにおける各農業形態の実情（1997）

	単位数	人数	面積
旧ソホーズ	24	13000人	46000 ha
自営農業	928	−	13000 ha
副業	−	186000人	28111 ha
ダーチャ	82754	380000人	（副業・ダーチャの合計）

b．サハリンにおける各農業形態別生産割合（1996）

	ジャガイモ	野菜	牛乳	肉
旧ソホーズ	46%	50%	60%	60%
自営農業	12%	10%	11%	12%
副業・ダーチャ	42%	40%	29%	28%

は、1997～1998年とも前者で70％以上、後者で89％以上と圧倒的な割合を占めている。これは食糧を国に頼っていては安心して供給されないような状況が背景にある結果と思われるが、有効な手段である（表2.1）。

また、ドイツのクラインガルテンにおける野菜などの生産量が、自給の20％近いとの報告を得ている。ドイツでも19世紀には失業対策として、また第一次大戦時などは逼迫した食糧事情を救ってきた経緯があることから、食糧自給率を維持する有効な方法と考えることができる。

市民農園は自給率アップをはかる場にしよう

日本の現状からすると、市民農園での手づくり野菜の生産は、安全・安心な野菜を確保し、自給率のアップを可能にし、さらに無駄な生ゴミを減らす有効な手段と考えることができる。日本の現状からすると、市民農園での手づくり野菜の生産は、安全・安心な野菜を確保し、自給率のアップを可能にし、さらに無駄な生ゴミを減らす有効な手段と考えることができる。

なぜなら、野菜嫌いな小学生でも、総合学習において自分たちで生産した野菜は残さず食べる（『食卓の向こう側』西日本新聞社、2005）。家庭菜園で栽培された野菜でも同じような傾向が見られることが報告されている。

さらに団塊世代の多くのパワーの健全な用途であり、年金の先細りが懸念されているが、食の安全と食費の節約の面での貢献が考えられ、「一石三鳥・四鳥」にもなり得ると考えが膨らむ。その意味で、各自治体はもっと積極的に日本式のクラインガルテン・市民農園の普及に力を入れるべきである。

生ごみ堆肥で「元気野菜づくり」の実践

北部九州で最近注目されている家庭菜園づくりの方法がある。「生ゴミ堆肥化」において、ボカシを混ぜる堆肥づくりと、ボカシに加えて在来の微生物を混ぜて増殖させて堆肥化する方法がある。この堆肥は、肥料バラ

ンスが良く、「おいしくて、害虫の発生も少ない、栄養価の高い野菜作り」が可能になるという優れものである。

　長崎県農業改良普及員を10年経験する中で従来の農業(化学肥料と農薬がセットになった農業)に限界を感じて、上記のような野菜作りを始めた。さらに佐世保市でＮＰＯ法人(「大地といのちの会」)を立ち上げて「元気野菜づくり」を行なっている吉田俊道氏の活動が、市民農園での無農薬栽培実現にピッタリの実践的技術として参考になる。

　農民作家の山下惣一は、ヨーロッパＥＵの「戸別所得補償＝直接払い」について次のように紹介している。ＥＵは平均して農家の販売額の75％、農業所得では90％が政府支払になっていると言われている。20〜30 haの畑作でも生活費は稼げない。しかし、ＥＵは食の自立のために農家保護に力を入れ自給率を維持している。ＥＵでは予算の約40％を農業関係の補助金として使っている。日本の場合は、わずか16％しか政府支払はない。この程度の補償では、自給率を高めるのは無理であろう。自前で自給率を確保するには、2012年には9000億円の補助金を計上しているが、せめてこのくらい出さないと無理なのである。日本のレベルの農家では農業の規模拡大を進めても、とうてい500 ha規模のアメリカの農業に対抗できないであろうし、オーストラリアはもう1桁規模が大きい。

　日本の食の自立には、「市民皆農」で小規模の自家用菜園でもよいから、栽培することにより自給することが有力な対抗手段である。塩見直紀は「半農半Ｘ」ということで収入に関して農業を半分と「その他農外職業の収入源」を持つことを提案している。自然型自給自足農業を実践・提唱する中島正は、都市部で週末農業が200万人規模で広がっていると述べている。これは、ドイツのクラインガルテンやロシアのダーチャと同じスタイルであり自分の食べる野菜類は確保できる自給自足がベターである。我が国の農産物は、規模拡大で競争力を確保するのは無理である。しかしＴＰＰで関税が撤廃されれば、日本の農業の自給率は14％まで低下すると予測されている(農水省)。

中島正は、農産物価格について以下のようなことを言っている。領主や地主が農民の汗の結晶を直接強奪する。これを拒めば役人や警察権力を使って実力行使で年貢と言って取り上げる。現在農産物は、買い上げという形をとっているが、工業製品（農機具や車、家電製品など）や化学製品（肥料や農薬、農業資材も含む）との価格格差で、稼いだ金は吸い上げられている。農業補助金という撒き餌を使って選挙の票を集め、自分たちの都合のよい農政をやってきた。この点は途上国の農業の置かれた状況と基本的に同じである。価格格差が日本の農民との比較では開きがあるが、基本的には同じ構造である。食料は、市場原理という名の魔法で必要限度量を少しでもオーバーすると、価格は半値に買いたたかれる。また生鮮食品など日持ちしない弱みに付け込み、一日たてばタダ同然の価格で買い叩かれる。「農産物は買い叩かれ、工業製品はメーカーが十分に儲かる価格をつける」不平等交換になっている。我が国では、農家は税金食いの厄介者扱いされ、補助金をつけて辛うじて成り立つ状況に置かれている。国家の存亡のために汗水たらして食料を生産しても、「経営が苦しい」といえば、「経営規模が小さいからだ」と言う。規模を大きくして、多く出荷し、効率よく働けという。規模拡大で生産過剰になれば、買い叩きの餌食になるだけなのである。規模の大きいアメリカの農家が豊かならまだ良いが、多くの農家は離農しているのが現実である。

第 3 章　生物多様性

3.1　多様性とは

　生物の多様性に関する条約（「生物多様性条約」）では、生物の多様性とは、すべての生物（陸上生態系、海洋その他の水界生態系、これらが複合した生態系であり生息又は生育の場のいかんを問わない）の間の変異性であり、「種内の多様性」、「種間の多様性」および「生態系の多様性」を含む、3つのレベルでの多様性の存在を定義している。生物を保護するとは、生物の多様性を保護するということである。

種内の多様性
　種内の多様性というのは「遺伝子の多様性、遺伝的多様性」のことであり、生物の種の中には多様な遺伝子が存在し、同一種であっても個体ごとに異なる遺伝子を持ち、さらに異なる集団であればさらに遺伝的な変異が大きくなる。外観的に分布地域によって色や形や大きさが異なる。温度に対する耐性、例えば「寒さに強い、高温に強い」など一定の性質の違いとして現れることもある。

　ヒトの場合、皮膚や髪の色や身長などの体格の違いなどで遺伝子の多様性を見ることができる。生物各種の個体は、遺伝的に異なっており、「種内の遺伝的多様性」は、種が環境の変化に適応して生き残るために必要なことである。遺伝的変異の乏しい集団は、環境が大きく変わると、変化にうまく対処できない恐れが出てくる。地域集団に含まれる個体数が少ないと、遺伝的な多様性が失われやすく、絶滅しやすい。

　「生物多様性の保護」というときに、守るべき多様性として「分布集団の多様性」がある、つまりある地域に生息する生物は、局所集団に分かれて生活しており、これらの集団は孤立しているのではなく、ときどき個体や

遺伝子の交換があり相互に結びついている。この集団の個体数が少なすぎても、集団の数が減りすぎても、種の絶滅の恐れが出てくる。

種間の多様性

　種間の多様性は、多くの種によって成り立ち、種多様性である。ある生物が絶滅すると、それをエサとして利用していた捕食者の個体数の減少、あるいは食べられていたエサ生物が大発生するなど、種類間のバランスがくずれ、生態系の種構成が大きく変わることがある。生態系を構成している種類間では相互の関係は複雑にからんでおり、ネットワークで結びついていることから、1種の生物の絶滅や外部からの侵入は、生態系全体にその影響は及ぶ。特に生物群集に新たに加えた場合、あるいは除去した場合に群集全体にきわめて大きな影響を及ぼすような種をキーストーン種と呼ぶ（鷲谷・矢原、1996）。

生態系の多様性

　生態系の多様性は、さまざまな生態系が隣接し、あるいはある程度距離があっても、共存していることである。異なる生態系の共存が、生物種の持続的生存を決めることにもつながる。猛禽類の中には、営巣場所は森林であり、餌場は草原などの見晴らしの良いところということもあり、両方の生態系なしには、生息できない。最近「森は海の恋人」と言われているが、これは海と山の生態系が有機的につながっており、ひとつの有機体として重要な機能を果たしていることを意味する。

　沿岸の生態系は水中の有機汚染物質を除去して、魚介類の重要な繁殖場所になっている。特に干潟はたくさんの生物の生息場所であるが、その結果として浄化機能の高い自然の下水処理場とも考えることができる。干潟では多量の有機物があり、プランクトンが発生し、またゴカイやカニなどの底生生物やムツゴロウ、アサリなどの魚介類が生息し、これらの生物をねらってシギやチドリなどの水鳥が集まってくる。森林の生態系は、川に

流入する水量や塩類・ミネラル分、さらに土砂の流入量をコントロールし、洪水の防止や、乾期の渇水を防いで水を供給し、さらに地域的な気候の制御も行なっているが、有機物の供給源でもあり、海と密着した生態系である。

有明海の魚介類の減少やノリの不作は、諫早干拓や港湾・空港建設などの公共工事による自然の下水処理施設である干潟の減少や、河川上流域のダムや下流域に造られた巨大な取水堰（筑後大堰）などの影響と考えられる。特に決定的な影響を与えたのは諫早干拓である。

3.1.1 生物の種の多様性はなぜ重要なのか

我々の衣食住はすべて生物に依存しており、食物はもちろんのこと、医薬品の多くも生物の一部か、あるいは生物が生産したものである。合成繊維の発明以前は、衣服のすべてが植物繊維か動物の皮革や毛であった。エネルギーの多くをまかなっている石炭・石油も動植物の死骸からできたものであり、合成繊維もこれらからつくられている。このように、人間の生存には生物の利用が不可欠である。

我々の食糧の供給は農業に依存しているが、農業では遺伝子の多様性を保つことが、作物の生産性を高め病害虫から守るうえで不可欠である。病害虫や異常気象に対して、異なる耐性をもつ複数の作物品種を同時に栽培すれば、冷害や旱魃、病害虫の被害を小さく抑えることができる。逆に単一品種のみを栽培していれば、異常気象や病害虫によって、収穫皆無の被害になることもでてくる。多様な性質をもった作物品種をつくるには、交配や組み換えに使える多様な遺伝子を確保しておくことが不可欠である。野生状態で生育してきた野生種は、生き残るために多面的な耐性を身につけてきたことから、作物に野生種の強靭な性質の源である遺伝子を取りこむことで、品種改良ができるのである。畜産業と林業でも品種改良には、遺伝子の多様性が不可欠である。

現在の生物減少や絶滅の原因の大部分は、人為的なものであり、生息地

の破壊、環境の汚染、外来種の持込み、乱獲などが中心である。特に生息地の破壊による影響が最も大きく、その原因の多くは公共事業の名のもとに行なわれる、ダム建設、道路や林道、高速道路、鉄道建設、河川改修、干潟の埋め立てや干拓、廃棄物処分場建設などがある。過去にはさらにリゾート開発・地域開発、石炭や鉄・銅などの鉱物資源の採掘もあった。これらの開発や建設のために、植物の自生地、動物の生息場所や餌場を直接奪ってしまっている。またこれ以外にも、潜在的な生息地を奪うことも、少し長い時間的スケールで見ると絶滅の要因になる。水源地を開発・破壊すれば、影響は上流域だけでなく、広く下流域に生息する動植物の生存まで危うくなる。ある生物の生息地がなくなることはその生物に依存していた生物も生きていけなくなるのである。今後環境破壊が行なわれなくても、すでに失われた環境に生息していた生物は元に戻ることはないのである。

環境汚染による環境問題は、ある種の絶滅や生存率、増殖率、成長率に悪影響が出る場合があるだけでなく、汚染物質の排出を止めても回復に長い時間を要す。日本近海の岩場に生息する巻き貝の1種イボニシは、船の付着生物を防ぐために使用された有機スズによって、生殖障害がおこり絶滅の危機にある。また米国フロリダ州アポプカ湖のワニ卵の孵化率は、著しく低下した。成体のオスのペニスが極端に小さくなって、生殖不能の個体が増加していることも明らかにされた。その原因は、湖に流入したＤＤＴなどの有機塩素系農薬の影響が疑われている。

一方で乱獲は個体数の減少と減少率の増加をもたらすが、生息地は残ることから、絶滅にまで至ることは少なく、乱獲を中止すれば回復する可能性がある。ただ極端に数が減少した場合には、近親交配が繰り返されることの悪影響、さらに雌雄がめぐり会えなくなるなどによって増加率が低下して絶滅に至ることも出てくる。

3.1.2 外来種の侵入

外来種の侵入も大きな問題になっている。人間や貨物の移動が大陸間、

国家間において頻繁で大量になり、また毛皮や食用のために輸入動物の養殖をはじめたが失敗したとか、あるいは釣りのために外来魚の放流、ペットブームで購入したが手に負えなくなって野生に放つなども含め、本来生息しない種が地域に広がった例は少なくない。

　上記のようなかたちで持ち込まれた動物が帰化動物（移入動物）として、それまで生息しなかった地域に人為的に侵入して自然繁殖し定着するようになり、在来種を駆逐する例がでてきている。伊豆大島で戦前つくられた観光用動物園から逃げ出したタイワンリスが野生化して定着した。ここで増殖したタイワンリスが、ペット業者によって島外に持ち出されて売られ、飼い主が逃がす例や自治体関係者によって大島以外の公園などに放たれ、場所によってはニホンリスの生息場所に影響を与えている。

　同様な例としてタイワンザルの野生化があり、こちらはニホンザルとの交雑が問題になっている。ニホンザルは日本固有のサルであり、世界のサルの分布としては北限に住むサルとして重要視されている。ニホンザル、タイワンザルとも近縁な種であり、同じマカカ属のサルである。ニホンザルとタイワンザルでは、体形や体色は似ているが、尾の大きさが明白に異なり、前者の 10 cmに対して後者は 40 cmと太くて長い。

　タイワンザルは和歌山県にあった私設の動物園が、経営の悪化から、野に放ち野生化して増加している。ところが最近の調査でニホンザルとタイワンザルの混血個体が見つかり、混血個体の増殖が進むと純粋なニホンザルという種が絶滅する可能性のあることが心配されている。外国から持ち込まれたタイワンザルは、移入種問題であるが、混血による遺伝子の攪乱によって「北限のサルとしてのニホンザルの遺伝子が失われる危険性」がある。和歌山県は「このままでは混血が全国に広がり、ニホンザルの種が危うい」として、タイワンザルの扱いについて県民に対してアンケート調査を実施して民意を問い、「捕獲して安楽死」させることに決めた。しかし、全国から「殺すのは人間の身勝手だ」など苦情が殺到しており、対応が難しい問題である。

移入種の問題は近年多数出ているが、その1つである「特別天然記念物に指定されているアマミノクロウサギと、持ち込まれた捕食者マングースの問題」は深刻である。鹿児島県奄美大島は「東洋のガラパゴス」とも呼ばれ、多くの希少生物が生息するが、特に奄美特産のアマミノクロウサギ（ムカシウサギの仲間）は、生きた化石と呼ばれる貴重な動物で、原始的な特徴を残すムカシウサギの仲間で世界に3種しか残っていない。奄美大島ではハブの駆除のために1979年、捕食者であるマングース（ジャコウネコ科）を30匹移入したが、天敵がいないことから爆発的に繁殖した。そのためマングースは、アマミノクロウサギをはじめ、絶滅危惧種であるアマミトゲネズミ、アカヒゲ、バーバートカゲなど手当たり次第に捕食しており、このままでは島の希少動物は絶滅の危機がせまっており、早急な対策が望まれている。一方で目的のハブ駆除の効果は上がっていない。

これと同様の問題は沖縄本島でも起きている。ハブ駆除用に導入したマングースによって、国の天然記念物であるヤンバルクイナの捕食被害と減少・絶滅が懸念されている。

また、ペット用に持ち込まれたアライグマ（図3.1）は全国的に被害をもたらし、特定外来生物に指定され、飼育・譲渡・輸入が禁止された。テレビアニメの『あらいぐまラスカル』で人気が出て、飼育した人が増えた。しかし、アライグマは見かけによらず、可愛がっても人間には慣れず「乱暴で、飼ってはみたが手に負えない」。困って「自然に返せばよい」と野外に捨てた。これが各地で大繁殖して農産物を荒らし、また日本のタヌキやキツネの脅威の競争者になっている。日本には、全く天敵になるものが存在せず増殖の一途であり、福岡県内でも果樹などの被害が出ている。

図3.1 問題になっている外来動物・アライグマ（長崎バイオパーク，津田堅之介撮影）

第3章 生物多様性　87

3.1.3　日本の生物多様性における3つの課題

現在、我が国のかかえる生物多様性の問題点が3つある。

その1つはペット問題である。愛玩用、観賞用として捕獲、乱獲、盗掘して環境破壊や汚染を起こしている問題である。我が国は海に囲まれていることから多くの干潟があり、そこに生息する魚介類、小動物は多様性に富み貴重なシギ・チドリなどの餌場として重要な場所である。ところが、第二次大戦後に埋め立てられた干潟は4割以上となり、諫早湾の干拓地などで大きな問題になっている。ラムサール条約により保護の対象になっているところもあるが、沿岸部の埋め立てスピードは弱まったものの、継続して続いている。干潟の役割や価値が十分に評価されていないことと、アセスメントが役割を果たしていない問題もある。

2つめは前者のペット問題と重なる部分があるが、外来生物問題がある。元々日本に生息していない生物が、人の手で持ち込まれ、在来生物の捕食、交雑、環境の攪乱など多くの課題となっている。身近で問題になっているのは、ウシガエル（食用ガエル）やアメリカザリガニがいるが、これらは食用としてセットで持ち込まれ、養殖されていたが、国内需要が少なく定着しなかった。両種とも養殖場から逃げだし、放置され全国的に繁殖して問題になり特定外来生物に指定されている。また沖縄本島ではハブの駆除用に持ち込まれたマングースが、ハブの駆除効果はほとんどなく、ヤンバルクイナなどの希少野生生物の捕食などで大きな問題になっている。

3つめの問題は、里山に代表される、雑木林とそれに隣接する農耕地や草原が農機具革命・燃料革命や生活スタイルの変化に伴って放置されたことで生物多様性が大きく変化したことである。場所的には残っているが、人の手によって採草や薪炭林として常に人手が入っていた場所では大きく変化した。草原が森林化することや竹林の増加、セイタカアワダチソウに代表される背丈のある群落性の草藪になり、明るい光の届く林に繁殖するカタクリや草原に生息するチョウ類、例えばアカタテハ、キタテハなどが

表3.1 里山に見られた身近なチョウの急速な減少 (石井実より)

順位	種名	科名	確認庭数	(%)	化性	幼虫の寄生植物	成虫の食性
1	アゲハ	アゲハチョウ科	105	(98.1)	多化性	ミカン科各種	花蜜
2	モンシロチョウ	シロチョウ科	100	(93.5)	多化性	アブラナ科各種	花蜜
3	ヤマトシジミ	シジミチョウ科	95	(88.8)	多化性	カタバミ (カタバミ科)	花蜜
4	クロアゲハ	アゲハチョウ科	87	(81.3)	多化性	ミカン科各種	花蜜
5	キタキチョウ	シロチョウ科	86	(80.4)	多化性	マメ科各種	花蜜
6	イチモンジセセリ	セセリチョウ科	88	(82.2)	多化性	イネ科各種	花蜜
7	アオスジアゲハ	アゲハチョウ科	81	(75.7)	多化性	クスノキ科各種	花蜜
8	ルリシジミ	シジミチョウ科	76	(71.0)	多化性	マメ科などの花や蕾	花蜜
9	アカタテハ	タテハチョウ科	73	(68.2)	多化性	イラクサ科各種	花蜜・樹液など
10	キタテハ	タテハチョウ科	71	(66.4)	多化性	カナムグラ (クワ科)	花蜜・樹液など

大幅に減少している (表3.1)。

3.2 自然環境

イギリスの植物生態学者タンズリー (A. G. Tansley) は、自然をナチュラルとセミナチュラルに区分した。ナチュラルな自然とは、全く人の手が加わっていない原生林のような自然度の高い状態で残されているところである。セミナチュラルは、一度手を加えた後に再生してできた雑木林などの二次的自然が該当する。

雑木林は、人の手が加えられている割には、植物の多様性に富み、動植物の種類がよく保存されている。また、土壌の有機物や養分の量は、原生林ほどではないが、多量に含まれている。人里に近い里山と言われる雑木林は、これに該当すると言えよう。さらに、しいて言えば、種子を播いた牧草地や植林した造成林、畑や水田などは三次・四次的自然であり、動植物の種類は単純化して、土壌状態も次第に悪化する。

植物生態学者の吉良竜夫は、自然状態を区分する尺度として、土が生き

ているかどうか、すなわち土壌中にどれくらいの生物量があるかを目安にすると、わかりやすいとしている。物質循環が正常に保たれているかどうか、土中の各種生物群集が保たれているかどうかによって、段階を付けている。雑木林や草原くらいの土壌動物が生息しないと、自然の正常な機能を備えているとは言えない。

3.2.1 里山・雑木林の価値

日本では、自然保護の対象を人手の加えられていない原生林に近い場所に限定する傾向が強く、その他の雑木林などは、人手の加えられたそれほど価値のある自然とはみなされず、開発と破壊がすすめられてきた。しかし、都会に近いこれら里山の雑木林は、いまや動植物の宝庫であり、希少生物や絶滅危惧種のオアシスとも言える存在になっている（図3.2）。

里山は水田・畑・水路・ため池などの農業環境と結びついた山であり、かつては、薪炭の確保や落ち葉かきや採草の場であり、労力としての牛馬のエサと肥料供給の場として、農村部の重要な資源供給の場であった。自然林の伐採や落ち葉かきが進む中で、土地がやせてきて、そのような環境でもよく育つアカマツ、クヌギ、コナラなどの木が植えられ、薪炭として、あるいはシイタケのホダ木として一定のサイクルで伐採が繰り返されてきた。しかし、昭和30年代（1955年以降）に入ると、農村部でもエネルギー革命のもとに燃料は薪炭から石炭・石油・ガスの化石燃料に代わり、また田畑の肥料は化学肥料の普及とともに、落ち葉かきも無くなった。農耕地の耕運は、畜力から耕運機・トラクターへと機械化がすすんでいき、採草は不要になっていった。

価値のなくなった里山は放棄され、里山は常緑樹が隙間なく繁茂し、暗い林床のヤブとなって放置された。この放置された里山は、宅地開発からゴルフ場・ごみの最終処分場（産廃処分場）・墓地公園などに狙われ開発された。場所によっては、環境の汚染源になっているところも少なくない。

これまで、里山の生態系は低く見られていたが、皮肉なことに開発にと

図3.2 里山に生息する多様性に富む動植物の共存
（小学館，日本児童教育振興財団編より引用）

もなう環境アセスメントなどによって、多くの生物の生息場所であることが明らかになり、その価値が見直されている。里山は人手が加えられていたが、その後放置された期間があり、多様性に富む場所として、植物、昆虫、鳥類、魚類、両生類、爬虫類、水生昆虫、哺乳類の棲みかとしての機能をはたしてきたことが明らかになった。そのために、里山生態系では、かつてはどこにでも生息していた昆虫や両生類が多数おり、貴重な自然の残された場所になっている。

また自然の価値は、生態系の生物多様性として見ることができるが、その自然を守ることや保全を考えるときの基本がある。里山の中の珍しい希少種や絶滅危惧種だけを考慮するのではなく、トータルな生態系としてとらえ、そこに生息する動植物全体としてとらえることが重要である。希少種や絶滅危惧種だけの保護を考えても、生態系として地域全体の保護を考えないと守ることができないことは、これまで多くの希少種の保護で明らかである。その典型的例として、佐渡のトキや兵庫県のコウノトリがあげられよう。

3.2.2 コウノトリの絶滅と再生

　コウノトリは明治までは全国的に見られたが、明治時代の乱獲で激減し、兵庫県豊岡市周辺にかろうじて生息した。しかし豊岡でも1940年代には第二次大戦中に松の大木がほとんど伐採され、営巣場所が失われコウノトリは激減した。1955年にコウノトリの保護活動が始まり「但馬コウノトリ保存会」として、官民一体となって活動が行なわれた。

　この時期は高度経済成長期と重なり、農業の近代化、効率化がすすみ水田も圃場整備と乾田化、川と水路、田んぼが分断され、化学肥料と農薬多用農業へと変わった。そのため保護を始めたが、田んぼの生き物が激減し、農薬によりコウノトリもダメージを受けた。唯一の生息地豊岡から1971年には、野生のコウノトリの姿が消え、日本から絶滅した。

　ただ兵庫県は、1965年からコウノトリの人工飼育を開始し人工繁殖に取り組んだが、成功せず、1986年には日本のコウノトリは絶滅した。絶滅の前年1985年にロシアから6羽の幼鳥を譲り受け、1989年にはついに人工繁殖に成功しヒナが育った。これ以後毎年ヒナが誕生し、2002年には飼育コウノトリが100羽を超えた。2005年に初めて5羽の放鳥が行なわれ、2007年には野外でヒナが誕生した。これ以後、野外でのコウノトリの繁殖は順調で、2012年には60羽を超えた。

　コウノトリの野生復帰までくるのに、地域の自然再生の取り組みがあった。コウノトリが餌を採れる田んぼや水路、山林の確保し、その再生された環境で子育てしている。自然と人の生産の場をかつての生物多様性に富んだ環境に再生して成功にこぎつけた。

　コウノトリは人里の生態系の頂点にいる肉食性の鳥である。コウノトリが野生で繁殖を繰り返すには、田んぼの生き物を増やし餌が豊富に常に存在する必要がある。そのためには農業者の協力が不可欠である。しかし、川と水路、田んぼが分断され乾田化した田んぼにコウノトリの餌は生息しない。放鳥計画の当初、コウノトリは田植え後の稲を踏み荒す害鳥であり、

放鳥に反対の意見が多数あった。

　ここで野生復帰の拠点となる施設「兵庫県立コウノトリの郷公園」を整備し、地域の農業者が中心になって兵庫県、農協、農業者が連携して生きものの棲む田んぼづくりが始まった。農薬や化学肥料に頼らない水田づくりのために「コウノトリ育む農法」という栽培技術の普及が図られた。この農法は、放鳥の始まる2年前の2003年であった。その内容は以下のようである。

①農薬の不使用または75％削減
②化学肥料の栽培期間中不使用
③温湯消毒（種もみをお湯で消毒する）
④中干し延期（オタマジャクシがカエルになるまで田んぼの水を残す）
⑤早期湛水（田植えの1カ月前から田んぼに水を張る）。または冬期湛水
　（冬の間、田んぼに水を張る）
⑥深水管理（水田に深く水を張る）など

　この栽培技術以外にも、水路と水田の段差の問題を解消するため、魚が遡上するように水田魚道を作ることや、水田の一角に年中水をためておくビオトープを作るなどの工夫がされ、野外のコウノトリが田んぼで餌をついばむ姿が戻ってきている。

　コウノトリ田んぼは0.7 haからスタートし、2012年には約250 ha、豊岡の水田の8％近い面積になっている。

　このコウノトリ田んぼで生産されたコメは、田んぼの生きものを育む安心安全なコメとして消費者から受け入れられ、付加価値のついた高い値段で流通しており、取り組む農家も増加している。生物多様性を保全する農業によって、農家の収入も増加し、環境と経済の両面で成功した優良事例である。

コウノトリ田んぼからさらに水田のビオトープ拡大
　全国的な傾向と同様に豊岡市でも高齢化と人口減少、耕作放棄地が増加

している。そこで市は、耕作放棄された田んぼをビオトープにして生きものの棲み場所にする取り組みをすすめた。さらに、市は市内の小学校区すべてに水田ビオトープを配置しようと、助成制度をつくった。農地の所有者に協力を求め、2011年現在18カ所、12.2haのビオトープが実現した。小学校では、子どもたちが水田ビオトープを使って生きもの調査などの環境学習に活用している。

耕作放棄地を湿地として再生

豊岡市の日本海に面した半農半漁の集落で耕作放棄地が増え、2006年にはすべての水田が耕作放棄された。この放棄地にコウノトリが飛来したのをきっかけに、村人が田んぼの漏水を防ぎ、田んぼに水溜りをつくる活動を始めた。この水溜りを餌場としてコウノトリがしばしば飛来するようになった。この地の湿地が多様性に富む希少種も生息し、さらに大型獣のシカ、コウノトリも利用する貴重な場所であることが明らかになった。

その結果、集落の人々は湿地の維持保全の共同作業を集落全体のこととして行なうまでに発展した。さらにこの湿地は、企業や行政、研究者も活動に加わり、交流人口が確実に増加している。その結果、集落は活性化し、人々は勉強してガイドグループを結成し案内までしている。自然再生と地域再生の場としてモデルと言えよう。

3.3 環境と農業

農業と環境の関係は多様であるが、環境汚染と多様な生物の生育場所という面が注目される。化学肥料や農薬の大量使用による土壌、河川や地下水の汚染がある。窒素肥料が発がん性の硝酸態窒素になり、地下水や河川水を汚染する問題がある。同様に家畜の糞尿も地下水汚染上無視できない汚染源であることから法律でも規制されているが、まだ対応が不十分である。肥料の過剰な散布による環境汚染は、河川や湖沼、海洋の富栄養化と

それに関係した生態系への影響がある。

3.3.1　農業による環境破壊

農地の拡大は歴史的に見ると、人類が行なった環境破壊の最初のものとも言えよう。現在でも焼畑農業や熱帯雨林地域のプランテーションの開墾などによる森林の減少は大きな森林の減少要因の1つとも言える。しかし農業は自然環境と人工環境の接点にあり、牧草地や果樹園、田畑は一般的にはランクは落ちるが自然度を保った三次・四次的自然でもあり、重要な機能を保っている。

（a）農地や放牧地の拡大

砂漠化の問題で触れたように、過放牧や降雨依存型農業では環境破壊的面が強く、土壌流出や表土の飛散、土壌の劣化、土壌の固結化などの問題がある。また焼畑は森林を焼き払い数年で放棄され、不毛の地が拡大することから、大きな問題になっている。

アフリカの砂漠化拡大の1つとして焼畑があげられているが、本来のサイクル（20～30年）で同じ場所を焼畑として利用する場合は、アフリカに適した農法とも言われている。しかし人口増加と食糧不足によって、サイクルを短縮して10年くらいの利用が繰り返されていることが問題なのである。同様の問題から牧畜でも過放牧が繰り返されている。

（b）肥料と農薬による環境汚染とその対策

スウェーデンでは農薬使用量の大幅削減のために5年間で半減という目標を設定し、その方法の1つとして農薬に対して一律で20％の価格賦課税を導入している。農薬を1haに1回散布するごとに日本円で約610円のコストが加算されることから、1農家当たりの平均耕作面積約28haをもとに計算すると、1回散布で1万5000円のコストアップになる。この制度によって過剰な農薬散布の抑制効果が見られる。特に除草剤は大幅に使用量を減らせるという。

またもう1つは、農薬を散布する農業従事者に対して3日間のトレーニングを行ない、試験のパスを義務付け、5年間有効な免許制を導入している。肥料については農業由来の窒素流出の半減と、化学肥料の20％削減の目標をかかげており、窒素とリンに対して価格の10％の環境税を課している。さらに窒素、リン肥料に対しては、20％の特別課徴金がつけられ、その課徴金は穀物の輸出補助金に使っている。
　この制度によって窒素、リンは約12％の削減が見られている。また家畜の糞尿の耕地への散布は春から夏場のみと制限し、秋から冬にかけては肥料の流出を防ぐために作物を植えて耕地を被覆し、裸地化を防ぐことが奨励されている。過剰な窒素散布がないか定期的に土壌分析がされている。
　ドイツやデンマークでは、長い冬に家畜の糞尿の貯留が大変なことから、単に貯留するだけでなく、糞尿からバイオガスを回収するという新しい流れが普及してきており、農家の新しい収入源にもなっている。

3.3.2　農業と環境保全

日本の気候風土の特徴にあわせた水田農業

　日本の気候風土は欧米諸国と比べると大きく異なっている。まず、降雨量が大きく異なり、日本の降雨量は年間1800㎜前後であるが、世界の平均は約730㎜、ヨーロッパやアメリカでは500～800㎜程度と日本の半分以下である。また、多雨であるが、アジア・モンスーン型気候であることから、雨は夏に集中し、主に6、7月の梅雨時期と台風シーズンの9月に集中豪雨がしばしばある。しかし西日本では12～3月は雨の降らない日が何カ月も続いたりする。
　また地形からすると山が多く、国土の2/3近くが山林であり、しかも南北に細長い島国である。島の中央は2000～3000m級の急峻な山脈が背骨のように連なっている。降った雨は時間を置かずに流れ下り、「日本の川は滝である」と明治のお雇い外国人技師のデ・レーケは述べている。ヨーロッパの緑被率（山や森林で被われている割合）は20～30％、イギリス

は10％以下。アメリカも33％程度と日本の森林緑被率は67％とずば抜けて高い。特に先進国の中では突出している。日本は、このような自然の風土に合わせて古代から独自の水田農業を築き上げてきた。

　水田の洪水防止機能
　水田には、ビオトープとしての役割があるが、洪水防止機能、水源涵養、土壌侵食防止、風景形成などもある。中でも洪水防止機能については、近年再評価されている。それは水田が大雨の時に雨を受け止めるダムとしての機能を果たすからである。水田を埋め立てて宅地化が進んだ地域の都市部河川では、しばしば洪水が起きている。その理由は水田が宅地化し、舗装道路化が進み水田のダム機能が失われ、強い降雨があると短時間に河川に集中して流れ込むためである。

　例えば水田のダム機能を見ると、利根川や荒川の流域には30万haの水田がある。1時間に100㎜の強い降雨があっても、それらはまず水田に溜まり、それをオーバーしてはじめて河川に流れ出す。その水田の貯水量は、3億㎥にもなる。ちなみに利根川水系にある8ダムの総貯水量は約4億6000万㎥である。

　日本の水田総面積は約260万haであり、そのうち低平地の水田を除いた約200万haの水田の有効貯水量は、44億㎥と試算できる。また、畑にも雨は浸み込むことから、総貯水量は全国で8億5000万㎥になる。全国の田畑による総貯水量の合計は、52億5000万㎥にもなる計算になる。この貯水量は、日本の全多目的ダムと治水ダムの洪水調節容量の38.7億㎥以上にもなる。水田が無くなれば、その分ダムを造らないと洪水を調節できなくなるのである。

　この視点から見て、全国の4割を占める中山間地の水田や畑は直接、下流域の洪水防止に寄与していることがわかる。その意味で、この生産に不利な中山間地の農業に対して、それなりの金額の直接払いをする根拠になるのである。さもなければ、莫大な数のダム建設に税金をつぎ込まなくて

はならないのである。しかし、このような視点は無視して、公共事業のダム建設にだけ莫大な税金をつぎ込み続けているのが民主党政権を除く歴代自民党政府である。

都市部の洪水防止のために保全水田という考え方が提案実施されている。これは、自治体と土地所有者が協定を結び、洪水調節機能のある田畑に助成金を出して保全協定を結び、宅地化しないでおこうというものである。都市部に巨大な調整池をつくるには、土地代金も含め莫大な費用がかかることから、このような案が出てきたのである。

千葉県市川市では、1955年には1330 haあった水田が366 haに減少している。この市川市は、1966年、1968年、1986年と台風による大洪水に見舞われている。その洪水の原因の1つが、水田の減少と宅地化による洪水調節機能の低下が挙げられる。同市では治水用として16 haの調整池を造ったが、用地買い取りだけで120億円もの費用がかかった。そこで水田による遊水機能保全対策として、農家と契約を結び、53 haの水田について補助金を出して埋め立て、宅地化を防ぎ、洪水調節機能を行なっている。

新興都市における住宅地の洪水対策として、このような発想がもっともっと出てきてよいのではないかと考える。水田の水辺空間は、都市部の緑地と同様に温度上昇を抑える機能もあわせて持っているのである（表3.2）。

表3.2　立地条件に見る降雨の河川への流出率（大坪, 1994 より）

流域名	面積 (km²)	立地条件	流量配分表 hr 0~1	1~2	2~3	3~4	4~5	5~6	6 hr 以後
松　　名	0.53	低平地水田	0.01	0.03	0.06	0.09	0.10	0.08	0.63
今	0.55	低平地水田市街	0.05	0.09	0.11	0.14	0.11	0.09	0.41
山崎川	13.5	市　　街　　地	0.70	0.24	0.06				
植田川	18.9	市街地・田・畑	0.27	0.42	0.22	0.09			
外山第1	1.51	林　　　　地	0.13	0.20	0.10	0.09	0.08	0.07	0.33
外山第2	1.82	牧　　草　　地	0.04	0.47	0.24	0.11	0.55	0.06	
苗代沢	0.67	林　　　　地	0.11	0.30	0.20	0.13	0.06	0.05	0.15

水田はビオトープ

ビオトープ（biotope）はドイツで使われた言葉であるが、「生物の生息空間、生き物の棲む場所」のことである。多様な動植物が共存して生息できる良好な空間のことであるが、最近は自然環境を復元しようとする活動のなかで使われている。また、学校の環境教育の一環として校庭内に、盛んにビオトープがつくられている。日本には大都市以外では、身近に水田が見られ、「水田はまさにビオトープそのもの」とも言えるのであるが、この点はまだ必ずしも認知されていない。

最近、宇根豊（食と農の研究所代表）らは、「水田は赤とんぼの古里であり発生源である」と言っている。赤とんぼはウスバキトンボ、アキアカネ、ナツアカネ、ノシメトンボ、マユタテアカネなど多くの種の総称的な呼び名であるが、主な発生源は水田である。ただ、ウスバキトンボは東南アジアから飛来して水田で産卵増殖する。

日鷹一雅によると、図3.3のように水田には多様な生物相が見られ、複雑な食物網が存在する。まさにビオトープであり、環境教育の場として大いに利用し生かして欲しいものである。

また、米の生産の場である田んぼには、以下に示すようなおもしろい関係が、1杯のごはんをめぐって存在する。ビオトープを考えるときに小学生とご飯をめぐる話をするのに丁度良い話題であろう。

茶碗1杯のご飯には3000〜4000粒の米粒が入っている。これだけの米粒は稲株何株になっているか？　答えは「稲株3株分」必要である。

この稲株をめぐって田んぼでは何匹のオタマジャクシが生息しているか？　答えは「35匹」というような関係がある。

ご飯を食べなくなると田んぼが要らなくなり、オタマジャクシも生息する場所がなくなる。

水田の多様な生物相

イネが栽培され農薬が散布されていない水田は稀な日本ではあるが、最

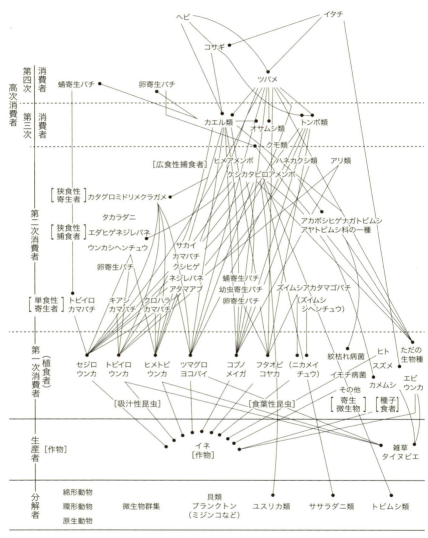

図3.3 水田の食物連鎖と食物網（日鷹，1990より）

近、減農薬やアイガモ農法として農薬を減らす、あるいは使用しない水田が出てきている。そのような水田では、イネの植食者（一次消費者）としてイチモンジセセリ、ヒメジャノメ、コブノメイガ、ニカメイチュウ、トビイロウンカをはじめ多様な昆虫が生息する。さらに二次消費者である肉食者と一次消費者の関係は、より複雑な「食うものと食われるもの」の関係が存在している。三次消費者であるトンボの成虫を例に見ると、餌としての一次消費者のウンカ類とガ類の多くの種類を捕食している。

また四次消費者のツバメは、4〜8月に2回の子育てのために多数の昆虫を捕食していることが知られている。ツバメの捕食量に関する正確な数字がないが、スズメは子育て期に1番（つがい）で5000〜1万匹の昆虫をヒナに運ぶことが報告されている。ツバメは餌として三次消費者であるカエル類、オサムシ類、トンボ類、クモ類やその他多くの捕食性昆虫も食べている。また四次消費者のアマサギでは、カエル類、クモ類、昆虫類がその食性のほとんどを占めることが知られている。

農耕地の生物相は一般的には単純と考えられているが、有機農業の水田では、畑に比べて栄養段階が四次まであることからも、かなり複雑な関係が存在するようである。また単純に人間の都合で「益虫と害虫」と二分していることが多いが、どちらにも属さない「ただの虫」も当然存在してもおかしくないし、「ただの虫」が有機農業水田では圧倒的に多いのに対して、普通に害虫や雑草の防除に農薬を使用する慣行防除水田では害虫が多いと日鷹は述べている。

田んぼに生息する虫たちの種類構成が農と自然の研究所によって調べられ、結果が次のように明らかにされた（『田んぼの生きもの全種リスト』）。それによると害虫150種、益虫300種、ただの虫1400種類と、昆虫だけで1726種類にもなる。さらに田んぼに出現する昆虫以外の生きもの「鳥やカエルや魚、さらに植物」も含めると、動物2791種類、植物2280種類、その他の生物597種類と、なんと5668種類もの生きものが身近な田んぼに生息する。まさに田んぼは生きものの宝庫なのである。

でも多くの人は、大部分の生きもののことを知らないで一生を過ごしているし、「知ろうとも知らせよう」ともしない。ところがアカトンボは、唱歌もあるし多くの人が知っている。しかし、このアカトンボが「金儲けにからみネオニコチノイド系農薬によって」知らないうちに消えてしまおうとしている。

3.3.3 多様な植物の繁茂する牧草地に助成金

ドイツの農地に対する直接払いによる助成金

ドイツのバーデン・ベルテンベルク州では環境調和的農業の導入とそれに対しての助成を行なっている。植物種の豊富な草地は、花の色彩の豊かさによって見るものを楽しませるだけでなく、多様な昆虫に貴重な生息空間を提供することにもなる。これらの草地の生態的な価値は高いが、牧草として飼料としてとらえた場合の価値は低いことが多い。伝統的牧草地の特定植物相が生育している価値に対して、報酬を払うことによって保全しようという助成が行なわれている。

州政府によって採草地の花のカラーカタログ（指標植物）がつくられており、草地の「植物相の目録」（図 3.4）の中に一定数の指標種がみつかれば助成金が支払われるのである。このようにして「牧草地の生物多様性と景観」を評価し保全しようという試みである。

この試みに対して、農民はこの制度に参加した動機として「直接払いによる助成金」をあげており、利益と結びつけることは重要である。また「農業が環境を保全すること」の意味として「景観の価値」をあげている。散歩、乗馬、サイクリングを楽しむ人が、「農業が作り出す景観・風景を愉しんでいる」こと、またその結果として国民は助成金を出すことに異論を唱えず認めている。助成金によって「農家の所得も増えるし、景観も保全される」ことを評価している。

その意味では日本でも、棚田や里山保全に助成金をつけて景観保全を積極的に行なっても良いのではと考える。また棚田は景観だけでなく、ダム

図3.4　MEKA IIの中の草地の草花への直接支払いの格付けマニュアル

としての機能の面でも需要な役割を果たしているのであり、この機能をもっと評価する必要がある。水田の維持保全には、定年退職者なども積極的に参加できる、受け入れのためのソフトづくりが重要である。地域での様々な活動とタイアップすることが重要であろう。

農は楽しみで残る

　欧州で実施されている直接払いは、農村の景観と生態系を楽しみたい人々に支持され、また自主独立を保つための重要な食糧生産の担い手として「権利と義務」として誇りを持ち、大手を振って成り立っている。日本

の農業も、もはや到底勝ち目のない価格競争などという土俵でなく、誇りの持てる国民のための食糧確保と景観やビオトープの生きものの宝庫を残す場として考えるべきである。宇根は講演の中で、近所の村の百姓の爺さんに「草刈り大変ですね」と声をかけたら「何の大変なことがあろうか」、「これも楽しみですたい」との答えに教えられたと言っている。

　政府・農水省の輸出戦略に「国内で足りないものより、外国で売れるものを作ることが大切」と、高く売れるものをつくりなさいと言う。「国際競争力という錦の御旗」、これは工業製品で言う言葉であって「我々の命の糧である食料生産」に当てはめる言葉ではないようである。宇根は「近代化・資本主義は農にあわない」、「資本主義から農本主義へ」とも言っている。国際競争力によって日本でいくら規模を拡大しても、1000 ha規模のオーストラリアと競争できないであろう。

　日本の農業は欧州と同様に直接払いによって一定生産量を確保すべきものである。生産する人が誇りと希望をもち楽しい職（食）として守ることが大事である。「外国で売れるものという農産物」・国際競争力では、途上国が先進国相手にやっている売れる商品・換金作物をいくら作っても金持になれないという泥沼に足を踏み入れることである。戦後の日本農業を指導してきた農水省が築いた失敗の山、「その責任をだれも取らない、取らされていない」役所の人間が机上で考えることである。

第4章　森林生態系

4.1　森林と生態系

森林の生物多様性

　森林には物質の循環系をなす生産者である植物と、消費者である動物、分解者として土壌中に生息する土壌動物（soil fauna）や多くの土壌微生物が活発に活動しており、多様な生物の生息場所である。森林生態系は、その立地状況や環境の多様さも含めて、地球上のいろいろな生態系の中でも最も複雑な系の1つである。また森林生態系は、物質の循環系の構成者を身近にとらえ観察できるモデルとしても適当な場と言えよう。

　森林の生産物は、昆虫や鳥獣類などに餌を供給するだけでなく、動物類の棲み場所をも提供している。一方で、昆虫や鳥獣類は植物の受粉や分布の拡大に重要な役割を果たし、排泄物を栄養分として森に還元している。また森林土壌にはミミズ、トビムシ、ダニ類などの小動物、キノコや菌類、土壌微生物など多様な生物が生息する「生物の宝庫」である（図4.1）。土壌の分解生物について見ると、死んだ生物の死骸である有機質の組織や生物の排出物に好んで生息し、可溶性有機物を吸収して生きている。分解者は、消費者の残したエネルギー源を成長や代謝に利用し、有機物を無機物に分解して生産者である植物が利用できるかたちの無機栄養塩類を環境に還元することから、還

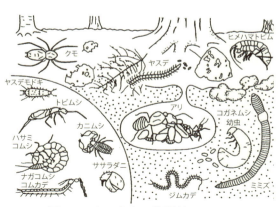

図4.1　森の土中の分解者（新島，1988）

元者（reducer）とも呼ばれる。

　有機堆積物、バクテリア、菌類および土壌動物の間は分解型食物連鎖でつながっており、食物連鎖網を構成する。その関係を概略的に見ると次のようである。枯死した植物組織をミミズが摂食し、成長・繁殖するが、このミミズの死体や排出物を分解バクテリアが利用する。あるいは、落ち葉や枯れ枝は、まず菌類が利用し、この菌類をトビムシが食べ、さらにトビムシを捕食性のダニやムカデが食べる。これら捕食者が死亡すると分解バクテリアが分解して利用し、無機栄養塩類にする。

　生態系の中で、環境と生物の間の物質循環において、分解者は重要な役割を果たしており、分解者の働きによって、生産者や消費者の死体である有機物から、栄養塩類・その他の無機物質が環境の土壌や水に放出される。その栄養塩類は植物に取り込まれ、生物群集を通って再循環する。その状況を目で見て実感できる場所として森林生態系をとらえることができよう。

　森林は図4.2に示すように複雑多岐にわたる機能をもつが、その中でも近年見直されているのが、地球温暖化の原因になる二酸化炭素の吸収・貯蔵（制御能力）や気温・湿度の調整を含めた気候の安定化であり、防災機能、緑のダム機能（水を保持する保水能力）、水の浄化能力、健康・保健にかかわる機能も重要である。

　森林の光合成能力は、他の生態系に比べて大きく、陸上植物の有機物生産量の60％強を占めている。それは樹木の葉の空間配置が生産上有利になっており、さらに生産物を蓄える蓄積器官としての幹を有するなどの特徴によるものである。

　樹木は光合成で合成した炭水化物（セルロース）を幹に数十年、数百年という時間単位で蓄積できる。この長期間の蓄積に重要な役割を果たしているのが高分子化合物であるリグニンであり、リグニンによって腐朽しにくく、強度を増しながら高く大きく生長することができ、エネルギーを蓄えられるのである。

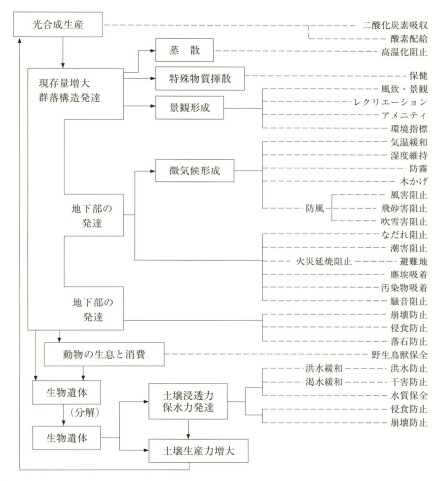

図 4.2 森林生態系の活動と環境保全的効果の位置付け
（只木・吉良，1982 による）

4.1.1 環境資源としての森林

森林のもつ公益的機能

　少し古いが林野庁は、1985 年に山林の役割について以下に示すような試算を行ない、水資源の涵養、土砂流失防止、酸素供給・大気浄化、さらに

保健・休養などの項目の公益的価値は年間30兆7100億円生み出していると試算している。とかく金銭に換算しないと、自然はタダと考えがちな我々には、参考になる数字かもしれない。これは、「水源税徴収」を考えた林野庁がその根拠を示すために試算したものである。

森林の温度調節機能

森林における自然の営みをエネルギーの視点から見ると、森林にふりそそいだ太陽エネルギーは熱として吸収される。吸収されたエネルギーは、オーストラリアの夏の日中におけるマツの造林地を例に見ると、71％は潜熱（蒸散、蒸発によって水を蒸発させるのに使われる）として消費され、残りの26％は大気・土を暖める熱となり、光合成による化学エネルギーへの移行は3％を示しているが例外的値である。他の樹木の例では、光合成による化学エネルギーへの移行は測定上に示されないくらい少なく、ごくわずかである。水の蒸発による気化熱として使用される割合が2/3以上と多いために、森林の地表温度は裸地ほどに上昇せず、樹冠と地表の間の空間温度は日中でも森林の外に比べて気温や湿度の変化の小さい独特の気候が形成されている。

地表が樹木で覆われた場合と裸地状態では、温度・湿度とも著しく異なることが知られている。森林気象学者の川口武雄の調査結果によると、表4.1のように森林内では温度変化が年間を通じて小さく、冬暖かく夏涼しい傾向が見られ、森林の外とは明らかに異なる温度変化が見られる。

地表面がコンクリートやアスファルトで覆われたところでは潜熱に使われるエネルギーが少ないことから、日中の気温はより高くなる傾向がある。建物などの人工構造物に覆われた都市と森林の日中の気温を比較すると図4.3のようになり、都市と森林の間に大きな違いのあることがわかる。

表4.1　森林の中と外の地温　(川口, 1970)

	最高 (℃)	最低 (℃)	較差 (℃)
森林外	28～30	-5～-14	35～42
森林内	17～22	-2～-9	20～28

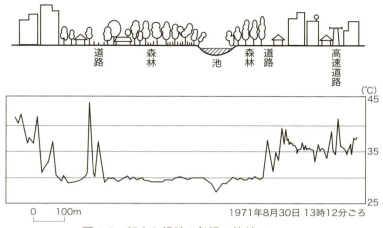

図4.3 都市と緑地の気温の比較（大谷, 1988）

　これは単に森の気温が低いだけでなく、まわりの都市域に対する影響としても働き、オアシス効果と呼ばれ、都市全体の気温の上昇をおさえることが知られている。このような森の働きからみて、ヒートアイランド化している都市部に少しでも樹木が増えることは、景観の問題だけでなく都市部の微気象的面からも好ましいことである。

　都市部のヒートアイランド化を緩和し、大気の清浄化、二酸化炭素吸収効果などを目的として、大都市を中心に屋上緑化が進められている。福岡市のアクロス福岡（1995）や、さいたま新都心の「けやきひろば」（2000）は代表的な屋上庭園の例である。

　東京都では2000年に「自然保護と回復に関する条例施行規則」と「緑化指導指針」の緑化基準を改正して建物緑化（屋上緑化）を加えた緑化指導を開始し、その他の自治体でも同様の動きがある。屋上緑化によってヒートアイランド現象を緩和する、ビルの省エネルギー、大気浄化や二酸化炭素の吸収による温暖化対策、都市景観の向上、緑とのふれあい、自然性の回復などの効果が期待されている。東京都では、都内の緑化可能な屋上面が2300 haあり、そこがすべて緑化できれば夏の温度が3℃下がるとの試算もされている。また緑の減少で夏場の最高気温が約1.4℃、また都市活動

に関係した排熱により0.4℃程度上昇しているとの推定があり、その対策として建物緑化は有効である。

さらに屋上の緑化によってガーデニングの場、家庭菜園にもなるし、癒し効果、自然保護効果も期待でき、鳥や昆虫の生息場所の提供としてのビオトープにもなる。最近都心の屋上でミツバチを飼育して採蜜する人が出て、実際に蜜が採れたことが話題になった。ビアガーデンでなくミツバチが遊びに行ける植栽によりビーガーデンがつくられているとのこと（銀座ミツバチプロジェクト、仙台ミツバチプロジェクト、小倉ミツバチプロジェクトなど）。都心は意外と公園緑地があり、ミツバチを飼える花木や採蜜植物が多い。農地に比べ外敵も少なく、花粉を集めるのに適した環境である。街路樹や草花の受粉をしてくれることにより、街の草花が豊かになるなど、「都市と自然との共生」さらに「都心部の生態系が豊かになる」というメリットがある。

酸素の供給と二酸化炭素の吸収・固定

森林には酸素の供給と大気の浄化機能のあることは知られているが、これをお金に換算すると18兆4200億円ともいわれている。また森林の樹木は、大気中の二酸化炭素を取り込んで、光合成によって樹幹、枝、葉、根に固定した炭素を蓄積する。光合成の過程で二酸化炭素を吸収し、固定しているが、わが国の森林は、エネルギー消費による排出量の約20%の5400万tを吸収・固定しているとの試算がある。地球全体で森林破壊が進んでおり、1年間で1540万haの森林（日本の国土面積の約4割）が消失しているという危機的面を知っておく必要がある。

名水と森林

近年、森林の水に対する役割が単に水の濁りだけではなく、目に見えない水質にも関係することが明らかにされてきている。スモッグや酸性雨に代表される大気汚染にともなう降雨の汚染さえも、森林はある程度きれい

な水に浄化して、川に流すことが明らかにされた。

「おいしい水」の条件は、よく澄んでいて変なニオイや味がせず、適度にカルシウムやマグネシウムなどのミネラル類、さらに二酸化炭素と酸素が含まれた、冷たい水であることがあげられる。名水と呼ばれる水の多くは山奥や山麓の湧水であるが、もとをたどれば普通の雨水である。しかし、森林の土の中を通って湧き出すまでに変身して「おいしい水」になるのである。つまり森林の土壌には粘土や砂、有機物が混じりあっていて、大小さまざまな孔隙が網の目のようにあり、そこを水が通るときに水の中のゴミは途中でひっかかり減少していく。

さらに細かなゴミも土中の粘土や有機物に引かれて吸着されて、水はきれいになる。吸着されたゴミは土中の微生物や小動物が有機質のゴミやニオイの成分を食べて分解し、ガス状にして放出、あるいは植物の養分に変える。ミネラル分が過剰な水の場合には、水に溶けたミネラルのイオンは、土中の粘土や有機物のイオンに引かれて動きがゆっくりとなり、その間に微生物や根に吸収されるなどして減少し、適度な濃度に調整される。クロムなどの重金属やリン酸イオンは、粘土や有機物によく吸着され水はきれいになるが、土壌が汚染する。森林の湧水は、地温の変化が小さいことから、夏は冷たく冬は温和な地下水として湧き出すのである。これらのことが総合されて「おいしい名水」となるのであり、森林なしには「名水」は生まれてこないのである。

（a）飲み水の話

近年、日本の水道水神話が崩れつつあるとの評価を耳にするが、水道原水の汚染が背景にある。日本では水道原水の70％が河川水と言われているが、この河川水の汚染が深刻である。

大都市の大部分は河川の下流域にあり、その都市の水道水は、近くにある河川水が原水である。大河川ほど、流れている水は下流に来るまでに多くは下水処理されてはいるが、多数の上流域住民の使った水であるという

ことになる。現在はどこでも合成洗剤や食器洗いの化学洗剤、髪の毛の染色剤、トイレ洗浄剤などが使われ排水に流されている。下水処理されても、通常の処理ではこれらの化学物質の多くは除去できないのである。

その他にも心配なことは、上流域の農耕地で使用される農薬や化学肥料である。農薬には殺菌剤、殺虫剤さらに除草剤があり、それらのなかには分解しにくい農薬も少なくない。さらに上流域には産廃処分場や自治体の一般廃棄物処分場もあり、汚染水が河川に流れ込んでいるのである。家庭で使用される化学物質だけでなく、これらの農薬やゴミ処分場の汚染物質も下水処理場での除去率は必ずしも十分ではないのである。

そのようなことが意識された結果なのか、水道水を飲み水にしたくない人が増加しているようである。「水道水をそのまま飲むか？」というようなアンケートに対して、飲む人の割合が50％台になっているという報告がある。同様に大学で学生に対して「水道水をそのまま飲むか？」と聞いた結果では、「ボトル水を飲む」、「お茶を持参する」、「大学の食堂のお茶を飲む」という学生が増加している。

筆者の記憶では、30年ほど前までは、海外に出張したときに現地で飲む水はミネラルウォーターであったが、日本国内でミネラルウォーターを買うことはほとんど無かった。珍しく現地で水が飲めるということで記憶しているのは、90年代はじめにハンガリーのブダペストを流れるドナウ川河畔にあった水道の水は飲んでも大丈夫ということで、筆者も含め多くの観光客が飲んでいた。

日本の水道は1890年に水道条例が制定され、水道の全国普及と水道事業の市町村による経営がはじまった。現在、市町村で運営されている認可された水道事業は約1600カ所にもなる。条例制定から100年以上にもなることから、全国の水道管の多くに50年以上経過した老朽管がある。自治体の懐具合もあって、地域の浄水施設の対応も様々であり、問題が指摘されている。

水道水は、一般家庭から工場まで安定的に大量の供給が求められている

ことから、上記のような問題を含む河川水を利用しているケースが多い。しかしこれは日本の場合であり、欧州では必ずしも一般的ではない。その理由の1つとして、欧州では国際河川が多いことから、河川水の安全が自国でコントロールできないという事情が考えられる。そのために、地下水や湖水の水を利用している割合が高い。

　日本の水道水は水道法により、浄水処理した水の給水段階で塩素消毒が義務化されている。この塩素の使用が、水道水の味を悪くする原因になっているが、その他にも塩素処理を行なう結果として、原水中のフミン質と呼ばれるバクテリア等の腐敗によって発生した多様な有機化合物である腐植質と塩素が反応して発がん性物質であるトリハロメタンが発生するという問題がある。日本の水道水は、蛇口から出る水に塩素が0.1 mg／L以上含まれなければならないとされており、そのために水道水に塩素臭が残ることになる。塩素によって大腸菌や病原菌などからのリスクを除去していることになっているが、現在の衛生状況から考えるとトリハロメタンのリスクの方が大きいのではないかとも言われる。

　大都市圏では導入されている高度浄水処理施設では、トリハロメタンやアンモニア性窒素の大幅削減や病原性微生物などへの対策も向上している。しかし全国的に見ると地方の多くの都市では高度浄水処理はほとんどなされていない。

　東京都水道局で高度浄水処理して給水している水は、ペットボトルにつめて販売されるほど安全でおいしい水になっているという。しかし、浄水場の水が良くても、水道給水の他の要因によって水道水の安全性が脅かされている場合がある。それは、配管の古さによる鉄サビ混入の問題、小規模貯水槽が設置されたアパート・マンションなどの貯水槽内部の問題であり、害虫や生物の侵入や汚染物が入る問題である。これに対して近年は、貯水槽なしに直接給水する方法で問題を解決しているところが増えている。

　その他に水道水で問題にされている問題は、高度処理で使用されているオゾン殺菌によってハロゲン物質が生成される問題、原水の有機物沈降剤

として大量に使用されている塩化アルミニウム、酸化アルミニウムの増加があげられる。いずれも原水の汚染に絡む問題である。

(b) 高度処理技術

日本の上水道では蛇口地点で塩素が 0.1 mg/L 以上含まれていなければならず、これによって大腸菌等のバクテリアの発生を防いでいる。水道の元となる取水した原水が十分に清浄であれば、これだけで十分清潔な水道水が供給できるが、原水そのものが汚れたものであれば、多くの次亜塩素酸ナトリウムや次亜塩素酸カルシウムを加えてバクテリアを塩素殺菌する必要がある。この塩素は、原水中のフミン質と呼ばれる主にバクテリア等の腐敗によって生じた多様な有機化合物群と反応して、トリハロメタンと呼ばれる、ヒトの発がん性物質ができるので、塩素臭による不快感と共に、あまり水道中に加えることはできない。

(c) 軟水と硬水

飲み水の「軟水と硬水」というのは、水に含まれるカルシウムとマグネシウムの含有量で決められている。「○○の名水」というようなラベルには「ナトリウム、カルシウム、マグネシウム」等の含有量が記載されている。この数値から「軟水と硬水」を簡単に以下の式によって計算で求められる。カルシウムとマグネシウムの含有量で判断されているのである。

硬度計算式：

$$硬度(mg/L) = カルシウム(Ca)量 \times 2.5 + マグネシウム(Mg) \times 4$$

で求めることができる。

軟水は 100 以下であり、硬水（100 以上）と区別する場合もある。日本の湧水のほとんどは軟水であり、余分なカルシウムやマグネシウムが少なくお茶やコーヒーなどを美味しく飲むのに適した水である。日本食の炊飯やみそ汁などには軟水が適しているようである。一方で洋風のダシ（ブイヨンなど）や紅茶には硬水が向いており、フレンチやイタリアンなどの西

欧レストランでは欠かせないようである。

　硬水は熱中症対策やスポーツのときの大量の発汗時の水分補給では効果的であるが、飲みすぎると下痢をする人もいるので注意が必要である。海外の水はかなりの硬水が多いことから、海外旅行で水を飲んで体調を崩す場合があり注意が必要である。また東南アジアなどの途上国への海外旅行では、水道水が汚染されているケースもあり、ボトル水以外は食堂やレストランで出された水や氷にも注意する必要がある。

4.1.2　各種の防災機能

緑のダム機能

　森林は緑のダムと言われるが、これは洪水を緩和する機能と貯水機能をもっているためである。この機能の1つとしては、降った雨が地上に達するまでの時間と量が、森林の茂り具合と樹種によって大きな差になることがある。つまり降った雨の一部は、木の枝・葉・草によって捕まり、そのまま蒸発して大気中に戻され地上に到達しないこと、および地上に到達するまでに時間がかかることから洪水のピークが調節されることである。樹木からの水分蒸散量は大きく、土壌中の水分も消費されることから流出水はかなり抑えられる。

　もう1つは、森林の土壌状態と保水性や浸透速度が関係する。森林の土壌には落ち葉や落枝などが分解されてできた有機物である腐植が大量にあり、これらを中心に孔隙の多い団粒構造が発達している。さらに木の根に沿った隙間や小動物の通路、根の腐った跡などが水の通路となっている。これらが透水性や保水性を保ち、地表面の落ち葉や腐植が土壌の浸食を防ぎ、目詰まりをおさえて土壌の浸透能力を維持し続けている（表4.2）。

表4.2　植生の状態と地面にしみ込む水の速さ（佐藤ほか，1957および吉良，1976）

植生	速度 (mm／時)
広葉樹林	272
針葉樹林	246
草地	191
伐採あと	160
山くずれのあと	99
歩道	11

このようなことから森林に覆われた山では、大量の雨が降ってもすぐには川に流れ込む水量が増加せず、川に土砂が流れ込むことも少ないことから水の濁りも小さく、濁りは短時間で回復する。森林に覆われた山を流れる河川は降雨時の増水の

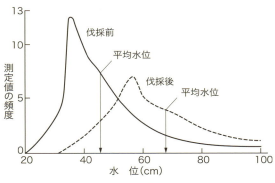

図4.4　森林伐採による河川流量変化の一例
（白井，1954および吉良，1976より）

ピークが低く（図4.4）、日照りの続いた時の流水量の減少も小さく、川の流量が安定していると言える。

　森林の伐採（破線）によって水位の高い時期が長くなり、伐採前（実線）より平均水位が高くなっている。平均水位が高いということは、洪水になりやすいとも言えよう。森林の洪水緩和機能の調査研究によると、スギとブナの混じった林の調査結果によると、伐採後は100mm以上の大雨が降ったとき、林のあったときに比べて川の流量は1.2〜1.5倍、ピーク流量では1.36〜1.81倍に増加している。このように数値的にも森林がないと洪水流出量、ピーク流出量は大きく変わっており、洪水になりやすいことを示している。このような森林の働きは、我々が安定的に水を利用する上で不可欠なものである。「治山治水」というように山の森林を治めることと水の管理は、我々の生活にとって重要なことであることを改めて認識すべきことである。

　防風効果

　樹木の防風効果は、古くから利用されており、風の害から耕地や家屋を守るために日本各地で屋敷林と呼ばれる人工林を家や集落の周囲につくってきた。防風林は、壁のように完全に風をさえぎるわけではないが、幹や

枝、葉の組み合わせによって風速を弱め、風下に大きな空気の渦をつくらないことから、人工的壁よりはるかに優れた効果をあげている。防風林による風速の減少効果や範囲は、林の密度や樹種、樹高さらに樹形などによって異なるが、およそ風上側では樹高の2～3倍、風下では20倍くらいの範囲まで減少効果があり、丈の高い防風林ほど広い面積を風から守ることができる。

魚付き林

江戸時代から明治にかけては、船頭、漁師は山の木を大切にして植林も行なっており、山奉行は「海辺の森林は漁のためになるから大切にするように」と「森林が海の幸にとって重要」と位置付けてきた。先人は「森林の腐葉土を通ってきた河川水には、植物プランクトンや海藻の生育に欠かせない窒素、燐さらにミネラルやケイ素が多く含まれ魚の繁殖に良い」ことを知っていたのである。植物プランクトンや海藻が豊富な海には魚介類も豊かで、いい漁場である。

魚類の生息と繁殖を助けるための林が「魚付き林」であり森林法によって指定されてきた。海岸近くの森林のあるところを魚類が好む性質を利用して、山の海向き斜面、湖岸、川岸に森林を育成したものである。港の近くにこんもりとした森があれば、それが魚付き林である。これは森林によって川の水量や水質、水温が安定し、川の水にミネラル類や鉄分などを供給し、水の濁りを抑えるなどの機能によるものと考えられている。

しかし、この価値が軽視され森林の乱伐と荒廃が進んできた。森林が破壊されて保水能力、浄化機能が低下すると影響は海に及び、大雨は直接川に流入し、大量の土砂が海に流れ込むと、二枚貝やウニなどの海底で生活する魚介類が死に、沿岸の産卵場所もなくなる。沖縄本島では観光開発により赤土が川から海に流れ込み、サンゴの大量死を招き、北海道・襟裳岬では魚の産卵場所であり隠れ場所であったコンブの生育が悪くなり、魚介類が大幅に減少した。

ようやく平成の時代に入り「森林と海のつながり」を再認識する動きが宮城県の畠山重篤氏の著書『森は海の恋人』(北斗出版、1994年、のち文春文庫)をきっかけにして全国的に広がり、漁師が山に植林に行くと話題になった。北海道・襟裳岬では明治時代から開拓が行なわれ、森林を伐採して燃料材に使用し、さらに家畜の放牧場・牧場の拡大などによって森林が失われた。その結果、森林の荒廃が進み、「えりも砂漠」と言われるほど砂塵が舞い上がり住宅や飲料水の中にも入り込んだ。さらに土砂が大量に沖まで流出して海底が赤土で覆われ、この地域の生活基盤である漁場の荒廃を起こしたのである。しかし、襟裳岬の漁師たちは、この苦難からの復活として、全国の植林行動に先駆けた長期的活動をした。襟裳岬では営林署・漁協をあげて種子と肥料を播き、その上を海藻で覆い、種子や肥料の飛散を防ぐ「えりも式緑化工法」を開発し、まず草本緑化しさらに植林して、数十年以上かけて襟裳の海を復活させたことで知られている。

4.1.3　健康と森林——森林浴

　森林は、その静寂さと緑によって心の安らぎを与えてくれ、さまざまな日常的ストレスの解消に役立つことが知られている。森林浴の効用はいろいろあげられているが、森の緑は、疲れた目に良く、体の疲れもとれることが知られている。

　森林にある木々の枝や葉によって騒音を吸収し静寂をもたらし、さらに樹木は大気中の汚染物質を吸い込み、吸着して森の空気を清浄にすることから、「森の空気はきれいでおいしい」と言われる。このことに加えて森林の木々から発散される木の香り、フィトンチッドの効用が注目されている。フィトンチッドの成分であるテルペン類(生物活性物質)には、我々の体に活力を与える働きのあることがわかってきた。その働き効能を示すと表4.3のようになる。

　フィトンチッドは多様な物質の総称でありハーブや薬草もその一部と言える。近年流行のアロマテラピー(芳香療法)に使われる物質も含み、ア

表 4.3 フィトンチッドの働き効能（谷田貝，1995 より改変）

成　　分	働　　き	成分を含む植物
α-ガジノール	虫菌予防	ヒノキ
カンファー	局所刺激，清涼	クスノキ
シトラール	血圧降下，抗ヒスタミン作用	バラ
チモール	去痰，殺菌	タチジャコウソウ
テレビン油	去痰，利尿作用	マツ類
ヒノキチオール	抗菌作用，養毛	ヒバ，タイワンヒノキ，ネズコ
ボルネオール	眠気覚まし	トドマツ，エゾマツ
メントール	鎮痛，清涼，局所刺激	ハッカ
リモネン	コレステロール系胆石溶解	みかん類果皮，ローソンヒノキ

アロマテラピーでは植物精油（エッセンシャルオイル）を利用して美容や健康に役立てようというもので、調合した精油を使ってのマッサージや吸入、内服することもある。アロマテラピーで使用している精油は必ずしも特殊なものではなく、昔から効用が知られて使用されてきたものも少なくない。カモミール、ガーリック、シナモン、ジャスミン、バジル、ペパーミント、ブラックペッパー、ラベンダーなどをお茶に加えたもの、あるいは調味料などとして使われている馴染みのものも少なくない。

森林セラピー

森林浴、フィトンチッドの効用などを含め「森林セラピー」という具体的な効用を体験できる森が全国各地に数十カ所つくられている。「森林セラピー」は森林浴の効能が医学的データを基にして客観的な根拠が示された結果として作られたものである。ヒトに対して森林浴による身体の生理的な反応を計測することにより、客観的な評価をした。①唾液中のストレスホルモンや心拍数の変動調査、②血中の免疫タンパク質の変化などの読み取りなど、森の効果の解明が可能になってきたのである。

「森林セラピー」の森では、森に入り、森林浴を楽しみながら歩行や運動をし、森林内レクリエーションを体験する。さらに栄養・ライフスタイル

指導などにより健康維持・増進・疾病予防を目指して目標達成しようとするものである。セラピーとは therapy（治療、治療術）という英単語であり、特定のスキルや理論に基づく「癒し方法」のことである。森林浴により、ただ森を散歩するだけでなく、楽しみながら心身の快適性を向上させ、保養効果を高めていこうというものである。

　欧米諸国では昔から森の植物や水による自然療法が盛んであり、「森林セラピー」もその1つと位置付けられてきた。ドイツでは行政や研究機関の協力のもとに各地の森林に保養のための施設があり、私も一度見学したことがある。法的な支援として保険の適用が可能であり、医療の一環として森林セラピーが親しみやすい環境になっている。我が国もこのような視点から積極的に森林セラピーを取り入れても良いと考える。

第5章 環境破壊と砂漠化

5.1 環境破壊のパターン

　地球規模で見ると、環境破壊には大きく4つのパターンがある。その1つは先進国型であり、他には新興工業国型と後発途上国型および社会主義国型である。

先進国型
　先進国型は、企業からの工場廃水や排気ガスなどに含まれる汚染物質について一通り排出源の規制ができている。しかし莫大な量の資源とエネルギーの浪費による大量消費型環境破壊がある。これには大量生産、大量消費、大量廃棄がセットになっており、経済の巨大化と浪費を続けている先進国のパターンである。現在問題になっている二酸化炭素やフロンガスなど及びダイオキシンやPCBなどの廃棄物やその他による汚染である。
　また日本の場合、消費者である多くの一般市民による廃棄物や家庭排水に関連した環境汚染も含めて、汚染源も被害者も不特定多数の市民であるという問題もある。

新興工業国型（経済発展に伴う環境破壊）
　新興工業国型は、急速に工業発展している国々で起きている環境破壊と環境汚染である。主に1970年代以降に工業品の輸出を急増させた発展途上国で、輸出指向工業化政策のもとに、生産と雇用に占める工業部門の比率が高く、先進工業国と比べた場合に1人当たりの国民所得の格差を縮小させた国を新興工業諸国（NICS）と呼んでいる。
　先進国は近年、コスト削減のために、人件費が安く環境汚染に対する規制のゆるやかな途上国への生産部門の移転と、現地との合弁会社設立など

が活発であり、環境破壊や環境汚染を起こして裁判で被告になっているケースも少なくない。環境汚染に対する規制は日本の1960年代の垂れ流し時代と大差ない状況である。東南アジアのASEAN諸国や韓国、ブラジル、メキシコなどである。

後発途上国型（貧困と生活苦に由来する環境破壊）

　後発途上国型は貧困型の自然環境の破壊であり、自然を破壊しないと生きていけない後発途上国で起きている問題である。人口増加と食糧不足、それを補うための無理な農地の拡大と、草地・草原の生産力以上の過放牧が行なわれている。自然の生態系そのものが破壊され復元できなくなり、不毛化する。主にアフリカのサハラ以南、インド・パキスタンや周辺国、あるいはカリブ、中南米一帯で起きている。

社会主義国型

　社会主義国型は共産圏東ヨーロパや旧ソ連における環境破壊であり、ブレーキをかける市民も政党もないことから、ひどい環境汚染と破壊が行なわれてきた。対立政党も、批判する市民も存在しない共産圏では、汚染の垂れ流しと環境破壊がすさまじいことがわかった。計画経済、公営企業はある種のノルマ至上主義で、環境汚染を無視して生産が続けられ、新しい公害防止設備なども軽視された結果であろう。

　現在シベリアのタイガ地帯の森林伐採による生態系の破壊と、それにともなう貴重な野生生物の減少が憂慮されている。しかも伐採されたタイガの針葉樹の大半は日本に輸出されている。近年、合板加工するための北米産の針葉樹や熱帯林からのラワン材の供給減少をカバーするために、極東地域やシベリア地域のカラマツ輸入が伸びている。日本では、このタイガ地帯の天然林を輸入しながら「熱帯林の木材を使わない環境にやさしい製品」と広告することさえあると言われている。

　極東地域の天然林の大面積伐採によって凍土が溶け出し、洪水が頻発し

ている。また一方で山火事も起きており、極東地域で毎年数万ヘクタールのタイガが火災になっているが、報道されることもなく自然鎮火まで放置されることが多い。

5.2 資源採掘がもたらす環境破壊

鉱物資源の採掘は、金、銀、銅をはじめ鉄鉱石、石炭、ウラン、ボーキサイトなど多岐にわたっている。採掘はこれらの資源を掘り出すだけではなく、大量の細かい砂状やヘドロ状のカス（選鉱スライム，鉱滓）が出る。例えば、小さな金の指輪を1つ作るのに3～10 tの土砂が掘り出される（図5.1）。そのために自然の生態系が破壊され、大気、水、土壌がいかに汚染されるかを考える必要がある。

谷口はパプアニューギニアのブーゲンビル島の金・銅鉱山の環境破壊の例を次のように紹介している。毎日10万tの大量の選鉱スライムが選鉱過程で出てくる。これを捨てるためのダムを築いたが選鉱カスがこのダムから溢れ出して、近くの川に流れ出し、魚や飲み水が汚染された。また流れを妨げられた川は、周囲の熱帯林を水とヘドロで埋め、熱帯林に生息す

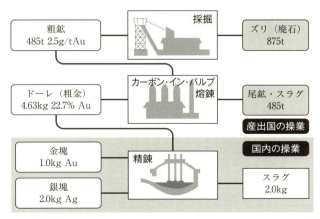

図5.1　金（Au）のマテリアルバランス（谷口，2001より）

る多様な生物の生存と先住民の生活を脅かし、暴動となった。

　またブラジルのアマゾン川やフィリピンのミンダナオ島では水銀による水俣病に類似した中毒患者が多発している。これは、採掘した金鉱石や砂金に水銀を加えて金と水銀のアマルガム合金をつくり、この合金を加熱して水銀を蒸発させて金を採取する方法により、大量の水銀が廃棄されて水銀汚染が多発している結果である。開発途上国の鉱山開発には先進国の非鉄金属メジャーや多国籍企業が関係しており、日本の企業も参加している。開発企業は環境汚染を起こして裁判になっている例がいくつもあり、開発企業の責任が問われている。

　日本でも足尾の鉱毒事件（古川鉱業）で知られる栃木県足尾（現日光市）は、銅製錬過程で発生した亜硫酸ガスによって周囲一帯約2500 haの樹木が枯れ、また渡良瀬川に流れ出した鉱毒を含む選鉱カスによって流域の水田に多大な被害をもたらした、近代日本で起きた公害の原点とも言われるところである。

　日本は年間6.7億tの主要資源を海外から輸入しているが、指導者層の中にその背景に採掘、製錬にともなう自然破壊と環境汚染を起こしていることへの知識も認識も全くない。「資源循環型社会」と言うことの背景としてこの問題も十分に認識し、再資源化に本気で取り組むことが必要である。

　携帯電話が普及し、次々に新しい機能を備えたものが売り出され、買い換えている。廃棄される携帯電話の重さは1台100 g、この中に含まれる金は0.028 gである。だから携帯電話を1万台（1 t）集めると、金が280 gとれることになる。携帯電話に含まれる金の量は、金の採掘から考えるととてつもない純度の金鉱石である。通常、金鉱石1 tに含まれる金は0.3～5 gという単位なのである。

　同様のことがIT機器や多くの家電製品にも言われることで、金、銀、銅、プラチナその他有用金属が含まれていることが知られているが無視されている。これらを有効利用するための技術開発は環境汚染と破壊を減らす大きな力になるのである。

5.3 資本主義による破壊と社会主義による破壊

フィリピンの熱帯林の破壊：典型的な資本主義による破壊

　自由貿易の原理に従って木材を輸出し続けて森林が失われたフィリピンでは、「ビジネスのために多くの金持ちの外国人が来て、森林は失われた」。彼ら外国人は単に金になるものをとり尽くし、フィリピン人のことは全く考えていなかった。フィリピンの森林は内需ではなく外需向けの開発で失われた。自分たちの意思とは無関係に森林は破壊され、木材を最も大量に買ったのは日本である。

　村周辺の森林破壊の結果、台風が来ると、地元民は地滑りと洪水に悩まされている。第二次大戦直後には国土の55％が森林に覆われていたが、フィリピンでは違法伐採と違法輸出が深刻で、2000年には多く見積もっても18％まで減少している。70年代には丸太は最大の外貨獲得源であり、主に日本に輸出されている。80年代にはフィリピンの森林資源は枯渇した。自国の需要をまかなう木材もなくなり、丸太の輸入国になっている。近年丸太輸入が減少しているが、世界的に丸太輸出が規制され製品輸出に変わったための結果である。洪水被害は毎年あり、年間洪水死亡者が1000人を超えるほどに深刻になっている。レイテ島などで多発している大規模地滑りは、森林の過度な伐採と無関係ではない。

中国の森林破壊：社会主義による破壊

　中国の森林破壊は毛沢東時代に誤った内陸開発政策の結果起きた。貴州省の例では、1950年代には山は樹木に覆われ、鳥もたくさんいて、美しい水がたくさん湧き出ていた。しかし農業をおざなりにし、「鉄鋼大躍進」のためにすべての木を土法高炉に入れた。何も考えず国家建設のために積極的に木を伐った。その後、自然災害が発生し、食べていけなくなり、餓死を避けるために山を開墾した。

中国では、毛沢東の大躍進政策により、人民公社を設立し、山の木を燃料にして国策としての鉄鋼生産で原生林は皆伐され、短期間に消えてしまった。この時代、農業生産はおろそかにされ、鉄鋼生産が奨励されて餓死者が出る状況にあった。現在貴州省の山は禿げ山だらけであり、保水力も失われ、地下水も減少した。山の斜面は土壌流出で収量は半減し、灌漑用水の不足から水田は続けられなくなり、飲料水にも事欠く地域もある。この工業化により農地は荒れ、重金属汚染で農地も河川も汚染がひどくなり、安全な食料生産ができない地域が広がったのである。
　フィリピンでは市場原理で森林が失われ、中国では社会主義の計画の中で森林が破壊された。社会主義体制による多くの環境破壊の例があるからといって、資本主義と自由貿易による破壊が免罪符を得ることはできない。第3の道はあるのか？　が問われている。

エネルギー効率の悪いアメリカ農業
　アメリカの文明評論家ジェレミー・リフキン（J. Rifkin）は以下のように述べている。熱力学の観点から見ると、近代的農業は最も生産能率の悪い農業形態である。機械化される前の小農では、通常1 kcalのエネルギー消費につき10 kcalのエネルギーを生み出していた。最新のアイオワ州のハイテク農家は、ヒトの労働1 kcal当たり6000 kcalのエネルギーを生み出せる。しかし、機械を動かし、合成肥料と農薬を使うことで2790 kcalが消費される。正味1 kcalのエネルギーを生産するのに10 kcal以上のエネルギーを使っているのだ。
　人力と畜力だけに依存していた農業は、エネルギー投入1に対して10を産出できるが、米国農業は輸送や加工まで含めると、投入エネルギー1当たり0.1しか産生できない。近代的な大規模農業は、エネルギー収支で見れば、非効率で生産性が悪いのである。人間の労働力を省力化する代わりに、石油ガブ飲みの機械を動かして成り立っている農業である。動力源の石油が安く、相対的に人件費が高い状態で成り立つものであり、ピーク・

オイルの視点から見れば持続性はない。

　大規模モノカルチャー農業は、大型機械導入の関係で、農地周辺の林や茂みをゼロにして、農薬なしには成り立たない。殺虫剤・殺菌剤に対しては、耐性問題とのイタチごっこになっており、遺伝子組み換えにより作物に毒素を生産させる遺伝子を組み込んだ、組み換え作物が登場している。一方ヨーロッパ・ドイツなどの小農地農業では、農地周辺に林や茂み、草地が残され天敵の小鳥や寄生性・捕食性昆虫が生息することから、農地の害虫の発生が低く抑えられ、農薬は少なくて済む。

5.4　地球の砂漠化

　砂漠化の脅威は、私たちとは別世界のことと思うかもしれないが、すでに我が国、特に西日本各地では中国からの黄砂というかたちで砂漠の砂が毎年降り注いでおり、特にこの数年ひどくなっている。砂漠は年間降水量200 mm以下の場所であり、砂だけでなく砂礫のところもある。

　砂漠化が問題になったのは、1960年代後半から1984年まで続いたアフリカ・サヘル地方における長期旱魃からである。この旱魃で餓死者が100万人以上、5000万人が影響を受け、多数の難民が発生した。

　砂漠化は生態的に不安定な乾燥・半乾燥地域および半湿潤地域において、人間の耕作や牧畜も含む活動や気候の変動等、さまざまな要因によって起きる土壌の劣化であり、その背景には、その地域の社会的、経済的な状況が関係する。頻発している旱魃によって砂漠化の進行は加速して広がっている。砂漠化は単に土地の乾燥化だけでなく、より広くとらえて土地の劣化を含めており、砂漠化には土壌の侵食とか、土壌の塩害をうけた土地も含まれている。

　中国の砂漠化は（中国では砂漠は主に「砂ではなく沙を使う沙漠」、つまり水が少ない地の意味なのである）、2つのタイプがある。1つは乾燥草原および荒漠草原を農業用に開墾した耕地が沙漠化する。2つ目は固定砂

丘の開墾および薪用伐採、放牧などによって固定していた砂丘が流砂に変わった場合である。

　地球上の砂漠面積は陸地面積の約30％もあり、毎年600万haも拡大していて、この内の80％以上の土地では過耕作と過放牧が原因である

　森林や農耕地の砂漠化は今に始まったことではなく、有史以来ヒトの活動によって多くの肥沃な地が砂漠になっている。四大文明の地はいずれも砂漠化している。その典型的例として知られるのは、今日のシリア・イラク領チグリス・ユーフラテス川流域地帯であろう。紀元前5000年頃メソポタミア南部、シュメールの地で大規模な治水と灌漑のための施設が発達し、農耕社会が成立し生産の増大、集落の形成さらに都市が発達してメソポタミア文明で知られるシュメール王国、バビロニア王国がつくられた。肥沃な大地と豊かな森を背景に、運河、用水路、大規模な灌漑による農業が行なわれ、高度な文明を示す世界最初の絵文字さらに楔型文字がつくられ、粘土板に刻まれている。

　人口の増加とともに、居住地確保や都市建設のために大量のレンガが焼かれ、また生活のため燃料の供給と耕地の確保のために、森林を大規模に伐採し、それにともなって土壌の保水力が低下し、土砂の流出が起き洪水が頻発した。また長期間の灌漑農業により土壌の塩分濃度が高くなり、麦の収量が減少し衰退していったと考えられている。

　文明をとりまく環境は変化し、砂漠が拡大してゆき、かつて栄えた都市国家は砂漠に埋まっている。文明は森によって繁栄したが、文明を衰退させていったのも森である。森林と人類の歴史について「文明の前に森があり、文明の後に砂漠が残る」ということが、世界各地で起きている。

砂漠化の現状と防止

　砂漠化の要因は、気候的要因と人為的要因の2つに大きく分けられ、この2つが相互に影響して砂漠化は拡大している（図5.2）。人為的要因としては、過放牧、過耕作、薪炭材の過剰採取、不適切な灌漑農業などがあり、

この背景に貧困、人口増加、食糧不足、人口移動問題などがある。貧しい農民にとって過剰耕作以外の選択肢はなく、地力が低下して作物ができなくなったら土地を放棄してその土地は砂漠化し、農民は移動して新たな耕作地を確保することが繰り返されているのである。また、砂漠化の進展は気候変動の拡大や過剰放牧の原因にもなるというように、悪循環がさらに砂漠を拡大している。

急速な砂漠化は農地や牧草地の生産力の低下をもたらし、人間の生活に破壊的な影響をもたらす。土地の生産能力の低下は、住民の食糧難と薪の不足をもたらし、さらに人間の生死にかかわる飢餓の脅威となる。その結果として最悪の状況では農民は土地を放棄し、難民となって国外へ流出、さらに極端な場合には民族間や国家間の紛争の原因にもなる。

国連環境計画（UNEP）の報告によると世界の乾燥地域の面積は61億haで、そのうちの9億haは砂漠であり、残りの52億haは乾燥・半乾燥及び乾燥した半湿潤地域であり耕作可能な地域である。そのうち砂漠化の影響

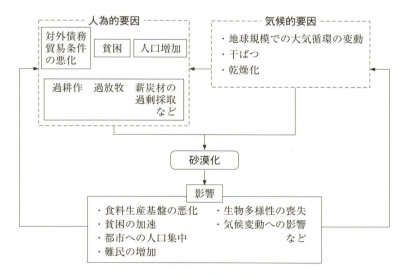

図5.2　砂漠化問題の構図
（環境庁企画調整局地球環境部：砂漠化防止対策への提言，1994より）

を受けている土地面積は、上記の耕作可能な乾燥・半乾燥・半湿潤地域の70％、約36億ha、地球の陸地面積の25％を占め、砂漠化の影響を受けている人口は約9億人、全人口の15％にもなっている。

過度な放牧と降雨依存型農業

　限られた面積の草地で過剰な数の家畜を飼育すると、植生を減少させ餌として適した面積の可食性永年草が減少し、家畜の食草として不適当な1年草が増加する。このようにして餌になる草が不足すると、可食性の草を根こそぎ採食することになり、食草の根絶が起こる。このようにして露出された土地面積が拡大して、降雨や風が吹くたびに表土の浸食が繰り返され、さらに家畜による土地の踏み固めによって土壌の固結化が進んで土壌の保水能力が減少し、しだいに不毛の砂漠の拡大となっていく。特にアフリカやオーストラリア、アジアの内陸部で過放牧による土壌劣化と砂漠の拡大が進んでいる。

　モンゴルは日本の4倍の国土面積の国であるが、国土の75％で草が減り砂漠化が拡大し、そのうちの7％は完全な砂漠になっている。同国の砂漠担化防止担当者は、「伝統的に家畜は、ヤギとヒツジの割合が3：7」であった。それが中国のバイヤーが高値で買い付け、価格が暴騰し、バランスが崩れたと指摘している。

　モンゴルでは従来の放牧から都市のウランバートル周辺に集中的に遊牧民が集まった。従来は放牧によってヤギを飼育していた。しかし高く売れるカシミヤ生産と、都市部の住民に売る乳のためにヤギの飼育中心になり、さらに移動範囲が狭くなり、放牧地の草が不足していく典型的な過放牧が起きている。ヤギの放牧が増えるにつれて、放牧地の砂漠化が進んだ。ヤギは、草を食べるとき根っこまで食べ文字通り「根絶」することにより、草は再生しなくなる。砂漠が拡大するとヤギの飼育に草を買って与えなくてはならなくなり、飼料購入費が加わってカシミヤの原価が高くなっている。

また、これは開放経済政策の影響であるが、それまでの個人個人の家畜頭数の規制がなくなったことから、各人はヒツジやヤギを最大数に増やしたことが重なって、砂漠の拡大に拍車をかけている。

灌漑農業と塩害

　古くから灌漑農業が行なわれてきたナイル川流域やチグリス・ユーフラテス川の流域では、塩害（salt injury）が問題になってきている。灌漑した水に含まれるナトリウムやカルシウム分が土壌に蓄積してアルカリ化し、不毛の地となっている。塩害で特に問題になるのはナトリウム塩であり、ナトリウム塩は土壌をアルカリ化して固くし、さらに浸透圧の関係により植物細胞から水分を奪うなどの害を起こす。

　エジプトでは古代から塩害はあったが、ナイル川の定期的洪水によって土壌に蓄積した塩類が洗い流され、塩害は小さく抑えられていた。しかしアスワンハイダムの建設によって洪水が抑えられ、灌漑施設が整備された結果、塩害が拡大して、せっかく乾燥地帯に灌漑水が行き渡ったにもかかわらず、砂漠化が拡大しているのが現状である。

森林の減少と薪の不足

　現在アフリカ各地では深刻な燃料不足が広がっている。第三世界の大多数を占めるおよそ20億人の人々は、木を燃料にしている。つまり世界の1/3の人々にとってのエネルギー問題は薪不足である。世界で伐採される樹木の半分は調理と暖房用の燃料として利用されているが、そのうちの80％は第三世界が占めている。伐採のペースは樹木の自然生長速度を上回っており、樹林の破壊が進んでいる。

　乾燥地帯では、薪の採取によって土壌表面を覆うものがなくなり、風や降雨による土壌浸食が起きており、特にアフリカではこれが原因の土壌劣化が進んでいる。薪の採取によって、せっかく植林した樹木が失われることも少なくないが、煮炊きができずに病気にかかる人々、特に子供への被

害が多い現状からすると、単に禁止しても解決にならないことから、代替エネルギーの援助が必要であろう。

その1つとして太陽熱を利用した、一種のかまど(図5.3)の提供もすぐにできる方法として検討すべきであるし、ガスボンベの定期的提供などを具体化する必要があろう。

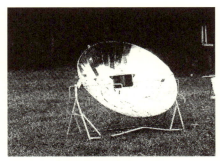

図5.3 太陽熱を利用して煮炊きをする器具 (河内, 2002年撮影)

砂漠化を防止するために

アフリカ・サヘル地域では1960年代から1980年代にかけて大規模な旱魃が発生したことから、1977年に国連砂漠化防止会議が開催され、「砂漠化防止行動計画」が採択されて国連レベルでの取り組みがはじまった。しかし、具体的な行動は資金不足や社会的・政治的状況から砂漠化を止められなかった。そこで国連総会において、1994年6月までに「砂漠防止条約」の採択を求める要請がなされ、同年10月に日本を含む86カ国が署名し、1996年12月に発効した。1997年3月には砂漠化対処条約実施全アフリカ会議が開催され、7つのテーマ別ワークショップの成果をもとに「地域行動計画」が決められた。

急速な砂漠化は農地や牧草地の生産力の低下をもたらし、人間の生活に破壊的な影響をもたらす。土地の生産能力の低下は住民の食糧難と薪の不足をもたらし、さらに人間の生死にかかわる飢餓の脅威となる。その結果として最悪の状況では、農民は土地を放棄し、難民となって国外へ流出、さらに極端な場合には民族間や国家間の紛争の原因にもなる。

5.5　砂漠の国アメリカに食料依存して大丈夫か

　昔からアメリカには砂漠があったが現在急速に拡大しており、将来的には国の大部分が砂漠になるであろうとの予測もある。アメリカの砂漠化と旱魃頻発地は、大西部、大平原諸州、アメリカ南東地域の三地域に集中している。アメリカ農務省の報告によると毎年、大西部の旱魃はひどくなっている。2012年の夏にテキサス州、オクラホマ州と、カンザス州一部で旱魃が厳しくなり、今年の冬でもその厳しい状態は変わらない。

　アメリカの農業地帯は、300万年前に貯まったオガララ帯水層の地下水を汲み上げて、乾燥地に農産物と畜産産業を可能にしてきた。帯水層の状態が大きく変化し、現在帯水層の水は補給がされておらず、使うだけ減少するのである。近年、アメリカのマスコミは旱魃による不作をほとんど取り上げない。科学者は昔から旱魃に対する警告を出してきたが、その科学者を無視するか、「殺すと脅しをかける」ことをしている。海に近いフロリダ州では帯水層が減少して海水が流れ込んでおり、新たな水源探しをしているが、見つけることは不可能であろう。

　アメリカ国民は温暖化や旱魃などの警告は昔から無視している。アメリカ企業が日本にＴＰＰに参加して、今後さらにアメリカの農産物を買えと勧めているのは彼らの意図的な無知によるものである。彼らは科学的な真実、将来アメリカに農産物が無くなるかも知れないことを無視して、短期的に農産物が生産販売できればよいと考えているだけなのである。

　日本がＴＰＰに参加したら、食料自給率が現在の40％から13％まで下がると予想されている。日本は食料を今以上にアメリカに頼ることになる。しかし、アメリカの農産業の将来は砂漠によって成り立たなくなるのである。このような事実があることを知りながら、国民には全く知らせずに、国益を唱えながらＴＰＰに突き進んでいる。大企業はこのチャンスに乗っかって大儲けをし、国民が飢えようが、貧困に苦しもうが関係ないのであ

ろうか（今だけ、自分だけ、金儲けだけ？）。

温暖化によって、かつてはコロラド川の水と帯水層への水の供給・補給をしてきた高山の雪と氷が減少し消滅しかけている。地下水源・帯水層で栄えてきたアメリカの世界最大の穀倉地帯は、枯渇して生産できなくなるのである。

図5.4 米国オガララ帯水層は8つの州にまたがる巨大な地下水源（「持続可能でない水利用による世界の食糧バブル経済」より引用）

アメリカの穀倉地帯の灌漑農法は「持続可能型農業」ではなく「浪費型農業」なのである。地下水という有限な資源を、あたかも無限であるかのように浪費することで成り立っているのがアメリカの穀物生産であり灌漑農業なのである。

オガララ帯水層は北米大陸、8つの州にまたがる巨大な地下水源であり、地下1000mに4兆t（琵琶湖の150杯）の水が蓄えられており、その面積は日本全土より広い（図5.4）。帯水層の西にあるロッキー山脈の雪解け水を数千年かけて蓄えた豊かな地下水である。

カンザス州とアメリカ地質調査所は地下水の水位を継続的に監視している。このまま地下水を25年間大量消費し続けると、地域によっては飲み水さえ入手できなくなる危機的状況にある。

地下水の減少を早めているもう1つの理由は、小麦からトウモロコシ栽培に切り替えたことである。家畜飼料・バイオ燃料用に使うトウモロコシ栽培が急増し、農業用水が大きく拡大したことがある。世界的な食肉需要の拡大により栄養価の高い飼料用トウモロコシの需要が高くなったし、収益性が高いのである。

トウモロコシは大量の農業用水が必要であり、小麦の約3倍の水を必要

とする。それまで小麦栽培が多かったカンザス州でトウモロコシ栽培が急増した。トウモロコシは暑い季節に生長することから畑からの水分蒸散量が激しいことと、草丈が小麦の1m以下に対して、トウモロコシは2m以上と倍以上にもなる。この状況でトウモロコシ栽培は暑い夏に大きな植物体を維持しなくてはならず、大量の水を消費する。

　帯水層からの地下水汲み上げ量は年々増加しており、1950年と比べて1980年には3倍になり、農地面積は4倍に増加した。しかし、汲み上げた水の消費に対して、地下水への供給は全くない。この巨大な水は氷河期の置き土産であり、再び氷河期にならない限り地下水が増える可能性はないのである。

第6章　エネルギーと環境

6.1　エネルギー政策を考える

6.1.1　デンマークのエネルギー政策から学ぶこと

　デンマーク政府は、1973年の中東紛争がもとになって発生した石油供給危機と価格高騰から、輸入エネルギー依存の怖さを知り、1976年に総合エネルギー政策として「Danish Energy Planning, 1976」を公表した。デンマーク政府は経済成長に伴ってエネルギー需要が増大することを想定して、この時点ではエネルギー源を分散して、産油国への依存を減らすことを目標とした。電力供給、については原発を推進して、石油の輸入削減の方針を明らかにしたが、政府はこの時点で50％近いエネルギーの増大を予測していた。

　この政府の方針に対して、市民団体の「原子力発電情報組織」（OOA：Organisaion for Oplysning om Atomkraft）では、ニールス・マイヤー氏（デンマーク工科大学・物理学者）を中心に8名の科学者が集まり総力をあげて「代替エネルギーシナリオ」の検討を開始した。その中で「原発のないエネルギーシナリオをつくろう」というキャンペーンが始まり、国民の大きな支持を得た。原子力の代替エネルギーとしては、エネルギーの効率化と再生可能エネルギー、天然ガスなども含め多様なエネルギー資源の使用と、地域熱供給のコジェネレーションなどの小規模分散型のエネルギー利用の導入拡大を中心にすえていた。その後のエネルギーの需要は、1995年で1976年の18％増にとどまりながら、経済成長はGDPで約70％の伸びを示した。

　エネルギーの供給をどうするかは、経済面、環境面も含め長期的なビジョンが求められ、広く国民的な議論を尽くすことが重要である。そのため

には、代替エネルギーを考え、決めていく場合に、トータルな情報開示と情報提供が必要不可欠であり、一部の専門家だけで決めてゆくべきではないと、環境エネルギー政策研究所の飯田哲也は述べている。

ＯＯＡは、原発を推進しないために「原発のないデンマーク」という小冊子をデンマーク全家庭に向け200万冊も配布して回った。この間に1979年3月には米国スリーマイル島原発事故が起き、1981年にはバルセベック原発事故評価が公表され、デンマーク政府内部で原発への懐疑が起き、1985年には正式に原子力計画を放棄することが決まった。これはチェルノブイリ原発事故の1年も前のことである。チェルノブイリ原発事故を契機にヨーロッパ諸国では原発の見直し、さらに広く環境問題・エネルギーの見直しが行なわれたことが知られているが、その1年も前に見直された先進性は評価される。

過激なエネルギー政策

デンマーク政府は1990年、過激なエネルギー政策である「エネルギー2000」を発表した。2005年までに総エネルギー消費量を1988年の水準に対して15％以上削減し、二酸化炭素の排出量を20％削減し、再生可能エネルギーの割合を5％から10％に増やすという目標である。さらに2030年には全エネルギーの30％以上を再生可能エネルギーにするという目標を立てた。目標を発表した当初、「電力・ガス業界、産業界」は大きな衝撃を受け、大反対したが、環境ＮＧＯはじめ広く市民の支援があって、公式な政策として議会で承認された。

この目標達成のための行動計画として、次のようなことがあげられた。①エネルギー消費量の削減、②エネルギー供給体制の効率化の改善、③クリーンエネルギーへの切り替え、④研究開発の奨励である。この行動計画をもとに1992年3月には各種の省エネルギー政策とバイオマスの利用政策が導入され、同年5月には炭素税が導入された。1994年にはエネルギー省は環境・エネルギー省となり、エネルギー問題を環境問題と結び付けて

考えるようになった。

その後「エネルギー2000」はフォローアップされ、1996年には「エネルギー21」として新たなエネルギー政策を発表して世界的な評価を受けている。この政策への高い評価は、単に目標を掲げただけでなく、具体的な方法が示され、経済手法、情報提供、炭素税とソフト面でも明確な方向が示されている点にある。

さらに、再生可能エネルギーに対して売買電への優遇措置が政策としてとられている。具体的には、再生可能エネルギーとしての風力発電、家畜のし尿や生ゴミ等によるバイオガス燃料による発電や、木質バイオマスにコジェネレーションを組み入れる工夫、その他の発電にもコジェネを組み合わせ、熱効率を80～90％まで高めて二酸化炭素の発生源を抑えている。

これからのエネルギー政策の重点は、①エネルギーの効率化、②コジェネレーション、③再生可能エネルギーの3つである。これらの政策によってエネルギーの自給率は、1972年の2％に対して1998年には102％となり、完全なエネルギーの自給体制を達成し、さらに輸出国になった。

エネルギー税

デンマークにはエネルギー税があるが、1996年から産業界に対して新たな環境税として暖房用途に高い課税率とし、毎年引き上げることで、断熱性の高い建築物にすることや、地域熱供給への転換をはかるような工夫、またこれ以外にもさまざまな省エネルギー政策の工夫が成されている。

例えば「省電力トラスト」もその1つで、一般家庭および公共部門の電力使用に対して、1kW時当たり0.1円が徴収され、その資金で暖房を電気から天然ガスなどを用いた地域熱供給システムに転換していった。さらにこのトラストによって、効率性の高い電気機器の購入補助や新たな省電力政策導入に向けた工夫がなされている。住宅および家電製品に対する省エネルギーを進めるための、エネルギーラベリングもある。家電製品に関しては、エネルギー効率によってA～Gのランクが付けられ、デンマークで

はD以下の販売が禁止されている（ちなみにEUではF、Gだけが販売禁止である）。さらにAランクに対しては、「省電力トラスト」からの助成金が検討されている。

自然エネルギーの拡大

「エネルギー21」の目標は大幅な省エネルギーと自然エネルギーの拡大である。風力発電導入の目標値は、2005年までに150万kWであったが、これは1999年にすでに達成した。これでデンマークの二酸化炭素削減目標である5860万tの1/4が達成されたことになった。さらに2030年までに400万kWの風力発電を建設する目標があり、電力の50％が賄われることが計画されており、陸上部分での目標は達成されたことから、これからは洋上に建設する計画である。

バイオマスエネルギーもデンマークでは重要な再生エネルギー源であり、畜産廃棄物（家畜糞尿）、麦わら、木質廃棄物、食品ゴミ、生ゴミなどの利用が進められている。「エネルギー21」では、2030年には自然エネルギーのおよそ65％、一次エネルギーの20％をバイオマスで賄う計画になっている。

現在、自然エネルギーからの電気は、政府からの補助（1kW時当たり2.5円）も含めて電力会社が固定価格（1kW時約9円）で購入している。

6.2　日本のエネルギーを考える

日本のエネルギー政策の問題点

日本のエネルギー政策の問題点として次の3つがあげられている。

第一に、エネルギー政策の決定が密室で行なわれていることである。政策は経済産業大臣の諮問機関（総合資源エネルギー調査会）が作成する「長期エネルギー需給見通し」によって決まる。この諮問機関は、他の審議会と同様に業界代表、官僚OB、政府の考えに近い「有識者」で占められ

ている。具体的には石油連盟会長、日本鉄鋼連盟会長、電気事業連盟会長などエネルギー業界、エネルギー消費産業界の代表らが占めている。ここで基本的に決まり、国会審議や国民からの意見聴取などは全く経ないで決定されてしまう。この点を早急に改善し、情報を提供して、エネルギー政策に多様な意見、立場の人が対等に、共通の場で議論して政策決定すべきである。

第二には、「需給見通し」は他と同様に過大な見積もりがなされ、エネルギーの大量確保と大量供給が全面に出されてくる。そのためには、原発を再稼働する必要がある、との見解が示されている。資源・環境問題への考慮は二の次となり、地球温暖化問題として、エネルギー消費、二酸化炭素の削減のための政策は含まれていない。

長期的エネルギーの見通し

長期エネルギー見通しでは、原子力が占める一次エネルギー総供給に対する割合は、1998年度で13.7%、2010年が17.4%と増加見通しを示している。発電量で見ると、原子力は1996年で発電電力量の約35%の3021億kWh、2010年には45%の4800億kWhである。原発を13基（20基という計画もあった）くらい新増設する計画になっていて福島原発事故後も見直されておらず、チャンスをねらっているとしか思われない。

政府は福島原発事故以降、とりあえずは既存の原発再稼動に力を注いでおり新規建設計画は明らかにしていない。しかし、2008年着工して福島の事故で中断していた、Ｊパワー（電源開発株式会社）が建設中の大間原子力発電所は工事を再開した。この建設再開に対して函館市が建設中止を求めて訴訟を起こした。

一方で経団連は新規着工を求め、原発ビジネスに関しては、ベトナムや中東・サウジアラビアをはじめとする原発の売り込みに首相自ら行商を始めている。政府は国民に対してはっきりした原発の位置付けを言わずに、こっそりと経団連の意向に沿って動いているのである。

2015年にペルーの首都リマで開催されるCOP 20・COP／MOP 10（国連気候変動枠組条約締約国会議第20回会合・京都議定書締約国会議第10回会合）でどうするのか。各国が国別の削減目標案を2015年3月に国連に提出する時期が迫っている。しかし目標値とそのシナリオを示さずに自民・公明は2014年末の選挙を乗り切ってから決定しようとする政治的な駆け引きを行なった。これは、国民があまりにお人よしなのか、無知・無気力なのか、情けないことである。長期見通しの基でエネルギー政策を策定すべきであるにもかかわらず、関門の1つである国政選挙では争点にしない。原発稼働での削減シナリオで大幅削減の予定なしというところであろう。

　欧州では、(1)温室効果ガスの1990年比20％削減、(2)再生エネルギーの割合を20％に向上、(3)エネルギー消費を2007年の予測値より20％削減、の3つを掲げている。

　さらに欧米諸国は、フランスが4基増設中であるが、それ以外では現状維持か原発廃止の方向が出されている。

　これに対して日本は、これだけの事故を起こし、終息のメドも立っていないにもかかわらず、13基もの増設計画は当面動いていないが撤廃もしていない。異常なことであるし、計画もそのままで未だに事故に学ぶことをしない恐ろしい国である。国民も極楽トンボと言えよう。

　また世界の趨勢はプルトニウムを利用する高速増殖炉から撤退する中で、日本だけが固執しており、これに対して国際的には、プルトニウムを使って核兵器を開発するのではないかと疑惑の目が注がれている。

　これからのエネルギー利用においては、エネルギーの利用効率を如何に高めるかという視点が不可欠である。これまで無駄に捨てられてきた温排水を利用するコジェネシステムを組み込む必要がある。またピークカットも馬鹿にできない効果をもつ。

　第三に問題なのは、環境への配慮の欠落があげられる。温室効果ガス削減目標が決められた第3回国連気候変動枠組条約締結国会議（京都、1997）

では、日本は2008年に1990年比で6％削減を公約した。しかし、日本政府の作成した削減目標の内訳は、森林による吸収が3.7％、排出量取引が1.8％であり、肝心のエネルギー消費の抑制による削減はゼロであり、削減のために原発の大幅増設が必要としている。そのために、ハーグで開催された2000年11月のCOP6では、アメリカとともに交渉決裂の責任が問われ、2001年においてもアメリカの説得を口実に締結を先延ばしして非難を浴びている。

　原発依存を止め、自然エネルギーを推進し、「緑のエアコン」つまり植樹による冷暖房需要の削減を具体化する。炭素税、環境税などによって自然エネルギーへの補助金を増やし、風力発電やバイオマス利用、太陽光発電を増やす必要がある。

環境とエネルギー

　これまで世界的に注目される環境問題は、地球の温暖化問題であったが、福島原発事故以来、再度放射能汚染と原発問題がクローズアップされている。温暖化問題の切り札としての原発が注目されていたが、それは単なる幻想であり、原発の抱える環境汚染と「トイレなきマンション」であることが再認識された。原発は、安全神話とデータ隠しによって、最も安価な発電方法のように宣伝されてきたが、全く事実と異なることが明らかにされた。

　これらの悪質な宣伝のもとで、日本の発電の約30％は原子力発電であり、石炭・石油・LNGも含めると発電エネルギーの90％以上が輸入で賄われている。これを自然エネルギー（再生可能エネルギー）で賄えば、純国産となり石炭・石油・LNGを大幅に削減できよう。

　ちなみに太陽光エネルギーは使える分だけで「化石燃料＋原子力」の3000倍存在するし、風力でも200倍、さらにバイオマスも20倍もある。さらに太陽光や風力エネルギーはクリーンで半永久的に使える利点がある。

　ただ、これまであまり普及してこなかった理由としては、これらのエネ

ルギーの特徴として、どこにでも薄く広く存在することから、大量の電力をまとめて発電するには向かなかった。また、安定的に欲しいだけの電力を得ることが難しい点などがあげられよう。

　2012年の夏は節電と電力不足が声高に叫ばれ、あたかも原発が稼働しないと大停電・電力不足が起きるような脅迫的な宣伝がなされた。しかし電力不足というのは、変動する一日の電力需要の一瞬のピークであることは知らされていない。関西電力以外では、原発の稼働なしに、電力不足問題なしに夏を乗り切った。この後電力会社から出てくるのは、化石燃料値上がりによる電力値上げである。しかし、もはや原発による発電が安価であるとは言えないはずである。原発事故被害の支払いは、売電でまかなえるレベルではないことが明白になり、「安全に発電が行なわれれば、安く発電できる」と言っても「それでは、核廃棄物はどうするのか？」、「核廃棄物は仮置きの簡易トイレ以外にはない」事実も明白になった。電力危機と価格高騰をあおり、安全性に問題のある原発の運転再開を許すわけにはいかない。

　また家庭に節電を呼び掛け、節電しないと大停電が起きるように錯覚させているが、家庭の電力使用量のピークは夜の8時頃で、昼間のピークは業務系の電力で、毎日のピーク電力は午後2時頃である。家庭の節電が不要とは言えないが、家庭の節電なしに電力不足が乗り切れないような宣伝は、世論操作とも言えよう。

　すでに電力会社は、大口の顧客には需給調整に協力することを条件に電気料金を安くする契約を結んでおり、ピーク需要カットの協力要請もやりやすいはずである。東電のケースでは、計画調整契約が約120万kW、随時調整契約が約80万kWあるということである。これをさらに拡大し、実行するなら、原発なしでも夏場を乗り切ることは可能であり、現状でも昨夏、今夏とも原発なしに夏を乗り切っているのである。昨年あれほど言われた節電は、2013年、2014年とほとんど言われておらず、電力会社の本音としては、電気を消費して電力の売上を伸ばしたいのであろう。

現在の日本の電力消費量は、1980年の2倍に増加しており、特に家庭の家電、給湯、暖房の消費が70％も伸びている。家電製品は省エネ型になっているが、その分大型化していることから、電力使用量は増加しているのである。日本のエネルギーの96％は輸入であり、10年前は5兆円だった化石燃料に対する支出は、2008年には23兆円費やしている（飯田哲也）。自然エネルギーは純国産エネルギーであり、太陽光や風力エネルギーは半永久的に使える再生可能（renewable）なエネルギーであり、なくなる心配がない。世界中どこにでも存在する。

　飯田哲也によると日本の自然エネルギーの潜在能力は以下のようである。
①風力発電の潜在能力をフルに生かせば100万kWの原発500基分の発電が可能である。
②日本の土地の5％で太陽光発電をすると全国の必要電力をまかなえる。
③地熱発電なら原発23基分の発電が可能である。

　自然エネルギー（再生可能エネルギー）
　現在の中心的エネルギー源の化石燃料は、燃やすと問題になっている二酸化炭素が出るし、原発は事故がなくても動かせば放射性廃棄物が出る。大規模水力発電では、ダム建設で周囲の広範囲な生態系が破壊される。

　自然エネルギー（再生可能エネルギー）は、太陽光、風力、ダムを使わない小規模の水力、木クズ・わら・家畜の排せつ物などのバイオマス（生物資源）、地熱などである。世界的に見ると自然エネルギーの中心は、「バイオマス」、「風力」、「太陽光」の3つである。これらのエネルギーは環境にやさしいという長所がある。

　人類は有史以来、太陽光や薪炭など自然界からエネルギーを入手してきた。現在の主要エネルギー源の石油・石炭・天然ガスなどの化石燃料も天然資源ではあるが、枯渇する資源である。一方で自然エネルギーは再生可能なエネルギーであり、枯渇しない。バイオマスも使用後にきちんと植林すれば、比較的短期間に資源を再生できる。

太陽光発電

太陽光発電（図6.1）は次のような長所があるが、短所もある。

長所としては、規模の大小に関係なく発電効率が一定であり、故障が少ない。発電時に廃棄物・排水・騒音・振動が発生しない。出力ピークが需要ピークと重

図6.1　農家が設置した太陽光発電
（河内，2014年撮影）

なっていて都合がよい。需要場所の近くに設置できることから、送電コストや損失を少なくできることと、蓄電池と組み合わせれば非常用電源にもなり、運搬・移動に適した小型製品がある。ほかの発電に比べて設置に対する制限が少なく、土地を占有せずに個人の屋根や壁面に設置可能である。太陽光発電装置は廃棄段階で大部分がリサイクル可能であり、稼働に化石燃料は不要であり、エネルギー自給面と安全保障面から有利である。

ただ残念ながら良いことばかりではなく、発電コストが他の発電方法に比べて割高である。夜間は発電できないし、昼間も曇天・雨などで発電量が大きく低下する。設置面積当たりの発電量が小さく、スケールメリットはない（これは長所でもある）。太陽熱発電とは逆に、高温時に出力が低下する。積雪・汚れ・影・火山灰等で太陽光を遮られると出力が低下する。売電のために配電系統に接続する場合、系統インフラが必要になる。

風力発電

風力発電の長所と短所を見ると次のようになる。

長所は風力だけを利用したクリーンな発電であり、二酸化炭素を排出しない。またエネルギー源が自然の風であることから、機器が故障しなければ半永久的に発電できる。自然エネルギーの中では40％と最も発電効率

が高く、地震などの災害時も、機器の故障がなければ発電できるメリットがある。風さえあれば昼夜を問わず発電でき、比較的コストが安いので、欧米では個人所有の風車も珍しくない。地形や風況などの条件を考慮して複数台設置すれば、風の間断のタイミングを分散できて、連続した発電の可能性が高くなる。

　短所としては、落雷による故障の可能性があることや、バードストライクによる鳥の死と機器の故障の心配がある。これは鳥の渡りのルートなどを把握して対応すればかなり解決できる。風は常に吹いているわけではないことから、常に一定量の発電ができるわけではない。これは風況の把握と設置場所の組み合わせでカバーできる面もあるが、工夫が必要である。一方で一定以上の強風は破損の心配が出てくることから、強風の場合は止める必要がある。また風車は高い場所に設置するほど風を多く受けることから、高い場所に設置したほうが有利であるが、メンテナンスが大変になる。

バイオマスを利用した発電

　バイオマスは生態学用語で生物（bio-）の量、物質の量（mass）である。また生物由来の資源を指すこともある。「バイオマス」は、動物・植物などを由来とする生物資源の総称である。バイオマスを用いた燃料は、バイオ燃料（biofuel）またはエコ燃料（ecofuel）と呼ばれている。

　主な資源としてのバイオマスは次のように2つに分けられる。
　(1)廃棄物系バイオマス——紙、家畜糞尿、食品廃材、建設廃材、黒液、下水汚泥、生ゴミ等。
　(2)未利用バイオマス——稲藁、麦藁、籾殻、林地残材（間伐材・被害木など）、資源作物、飼料作物、でんぷん系作物等。

　バイオマス発電は廃棄物系バイオマスを利活用したものであり、未利用バイオマスを燃料にした発電である。

　バイオマス発電は、家畜の糞尿、食品廃棄物、木質廃材などの有機ゴミ

を直接燃焼し、発生する熱を利用して蒸気でタービンを回す仕組みであり、火力発電の燃料（石油・石炭・天然ガス）が有機ゴミに変わったものと考えるとわかりやすい。

また、バイオガス発電は、家畜の糞尿、食品廃棄物、下水道・汚水などの有機ゴミを発酵させて可燃性のバイオガス（メタン、二酸化炭素など）を取り出して燃焼し、発生する熱を利用して蒸気でタービンを回して発電するものである。ガスを作ったバイオ燃料の残り（消化液）は、雑草種子や病原菌が含まれない安全な肥料として有効利用できる。

バイオガスは、家畜の糞尿、汚泥、汚水、生ゴミ、有機質肥料、エネルギー作物などの嫌気性発酵で発生するガスである。最近、各地の下水処理場で発生する未利用ガスと活性汚泥からガスを生産して発電している自治体が増えている。デンマークやドイツではいち早く1990年代から、家畜糞尿や生ゴミからバイオガスを発生させバイオガス・コージェネ発電（発電＋余熱利用による温水供給）を開始している。これらの国では、発電も重要であるが、大量に発生する家畜糞尿と生ゴミの有効処理がスタートにあった。日本のように生ゴミを燃やすなどということは考えていない。

デンマークでは地域ごとに給湯システムがあったことから、バイオガスの有効利用と組み合わせてバイオガス・コージェネ発電（発電＋余熱利用による温水供給）が成り立ったことが、成功に大きくかかわっている。デンマークではガスの発生効率を高くするために、食肉加工場の内臓含有物、脂肪、油脂圧搾カス、家庭の生ゴミを集めている。また運営は地域の農家の組合組織によりなされているが、施設建設には環境税からの助成がある。ガス発生後の消化液は、畜産用餌栽培や畑作用の液肥として有効に使われていて、利用できるものは徹底的に利用し、効率的なシステムとして成り立っている。

農家にとって家畜排泄物を有効に処理でき、悪臭問題も密閉型の嫌気性発酵処理のため起こらない。また家畜糞尿からバイオガスを抜き取った消化液は、従来の堆肥製造に比べて容易に堆肥化し、肥料成分である窒素・

リン・カリウム成分量が一般的な畜糞堆肥に比べ大幅にアップするメリットがある。生ゴミ処理も焼却処理費がかからずに、ガス発生量も増えるメリットがある。

日本のバイオガス

　我が国の酪農・畜産では、糞尿が過剰に発生して循環できず、環境汚染も絡んで深刻な問題になっている。この問題の解決策として糞尿バイオガスが注目されている。我が国の畜産は餌も、敷き藁も輸入に頼り、飼育場所だけが日本国内という状態に近い過密飼育であることから、糞尿などの排泄物を循環させて使う場が限られているという特徴がある。このような特徴からも、酪農・畜産経営に糞尿バイオガスによる資源循環システムを導入しても採算がとれないと言われている。一方で、ヨーロッパ各地で、バイオガスシステムがいくつかの工夫によって成り立っている。クリーンなガスや電力を、通常より高い買い取り制度を採り入れ、普及がはかられている。

　技術的には問題ないシステムであるが、我が国では、畜産業や廃棄物処理場などで取り入れても、建設費が高価であることと、電力買い取り価格が安くて採算が取れなかった。しかし、再生可能エネルギーの買い取り制度ができたことから、普及の可能性が出てきた。これまでは北海道の町村牧場で実用化しているが、それ以外の例として宮崎県の観光牧場・高千穂牧場は、北海道のバイオガスシステムなどを参考に改善・改良して運営されている優良例と言われている。

　高千穂牧場で上手くシステムが回っているのは、観光牧場としての工夫によるところが大きい。牧場には宿泊施設や乳製品加工体験施設、乳製品の土産販売、飲食店があり、牧場内の草原で飼育されている羊や馬などとふれあえる。牛乳、乳製品、ソーセージ、ハム、パン、ケーキの製造工場やバーベキューハウス、売店もあって自然に癒されながら学び、遊んでグルメも楽しめる（中村・市川、2008）。このような観光複合施設であり、観

光面での成功によって再生可能エネルギーの買い取り制度が発効する前に成り立っている好例であろう。高千穂牧場では以前は家畜糞尿を堆肥化していたが周辺への悪臭問題があった。しかしバイオガスプラント導入により電気が得られだけでなく、悪臭問題も解決している。

図6.2　大木町のバイオガス発生装置
（河内，2013年撮影）

　福岡県大木町のバイオガスプラント（図6.2）は、町内のし尿処理と生ゴミ処理の一環でスタートしている。し尿の海上投棄が禁止されたことで下水処理場建設の必要性が生じ、ゴミ処理の過程で生ゴミ焼却の不合理を解決する方法として計画された。また地域的に農業が基幹産業であることも考慮し、循環型まちづくりを模索し実現したものである。

　生ゴミとし尿をバイオガスプラント（施設）で処理すると、メタンガスと消化液が資源として出てくる。この資源のメタンガスは燃料として利用し、消化液は液肥として水田稲作の有機肥料として利用し、有機米が生産される。完全嫌気発酵であることから、悪臭の漏れがなく、水処理のランニングコストが削減できるなど多くのプラス面がある。バイオガスプラント建設には一定の費用が必要であるが、下水処理を兼ねた施設になっていることから、特に大きな出費にはなっていない。また、ゴミ焼却において、従来焼却されていた生ゴミを焼却しなくなったことから、焼却ゴミが大幅削減され、コスト削減になった。また大木町では、プラスチックの焼却も止めて油化したことから、焼却ゴミは5割削減となっており、2016年までにゴミの焼却・埋め立て処分をしない町をめざしている。

コジェネレーション

発電のエネルギー効率は通常高くても 30％台であるが、コジェネレーション（コジェネ）は 1 つのエネルギーから 2 種類の「電気と熱」を利用することから効率が 70％以上にアップする。重油や天然ガスを使った発電に排熱利用システムを付けた熱電併給システムはコジェネの 1 つである。都市ガスや灯油を燃料に使った原動機で発電機を動かして発電し、発生した高温排ガスを利用してボイラーで温水や上記をつくり、冷暖房に利用するのが基本的なタイプである（図 6.3）。

現在ディーゼルエンジンを使ったタイプが民間のホテルや旅館、ビル、さらに工場で広く使われている。特に最近注目されているのは、クリーン度が高い天然ガスを使ったコジェネで、NEDO（国立研究開発法人新エネルギー・産業技術総合開発機構）の調査によると設置コストは 5000 kW のガスタービン・タイプで 1 kW 当たり 9 万円、500 kW のガスエンジン・タイプで 1 kW 当たり 30 万円と出されている。経済性が高いことからスーパーやホテルでの導入が増えていると言われる。

デンマークの例で示したように、世界の電力供給は、二酸化炭素の削減を視野に入れて、再生エネルギーをいかに多くしていくかにある。

また、ピーク需要を基にして設備投資の必要が言われ、さらに設備投資して発電施設をつくらないと停電が起きると脅かされるが、日本ではほとんど 8 月上旬にピーク使用量が来ている。8 月でも土日やお盆休みをはさんで大幅に使用量は低下していることから、欧米

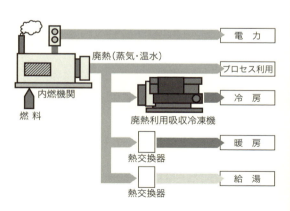

図6.3　熱・電利用のコジェネレーションシステムの模式図

並みに夏休みを長期化すれば、ピークは低下して過大な設備は不要になると言われている。また水力発電や火力発電の稼動率は40％台と低く抑えられており、設備が不足しているわけではない。

　ドイツでは、大口消費者である工場や病院、公共施設に対して、ピーク使用電力となる時間帯（午前10時半から正午近く）に一時的に電源を切る契約を結ぶと電力料金を安くするというユニークな取り決めによって、ピーク電力を低く抑えることにより電気代を節約することが常識になっている。上記大口消費者は自家発電装置を持っており、一時的に電源を切られても停電にはならないのである。またコジェネによる電力の自給が広がっており、過大な発電装置の新たな増設は今や不要になってきている。

第 7 章　生物時計

7.1　体内時計

　私たちは毎日「朝に目覚め、夜に眠る」生活をしているが、これは自然に「目覚め（覚醒）眠くなる（睡眠）」ように体のリズムがあるからである。このリズムは体内時計（生物時計）と呼ばれ、ヒトだけでなく地球上のほとんどの生物が持っていることがわかっている。

　この体内時計は長く研究されてきて、何のためにあり、体のどこにそれがあるのか多くのことがわかってきた。この時計によるいろいろなリズムの種類があることが知られている。1 年周期、1 カ月周期、1 日周期のもの、さらに短い時間単位の周期も知られている。1 日を周期にするものは概日リズム（おおよそ 24 時間の意味で、サーカディアンリズム〔circadian rhythum〕）と言われる。このリズムは、地球や月の自転や公転によって作り出された環境の変化に由来しており、生理的あるいは行動的な適応であり、生物の進化の過程で獲得されたものである。

　この概日リズムは、30 億年以上前の地球に誕生したシアノバクテリアから動植物さらにヒトにいたるまでの全生物が備えもっている。体内リズムは、生物が環境への適応力を高めるために獲得したと考えられているのである。30 億年の間に多くの生物が新たに誕生し、進化し続けてきたが、体内リズムを失うことなく発達してきている。

　この 1 日単位のリズムの特徴は昼夜・明暗のリズムであり、「地球の自転と太陽にかかわる宇宙のリズム」なのである。この概日リズムが遺伝子とかかわることが明らかにされ、時計遺伝子の存在がショウジョウバエなどで明らかにされた。さらに近年、脊椎動物における時計遺伝子の存在も確認された。24 時間の明暗や温度の変化を経験したことのない深海や洞穴性の生物を除く、ほとんどの生物で発達している。実験的に終日、全暗

あるいは全明条件に移しても、複眼を除去しても、行動の日周期リズムは持続される。生物にとってこの「宇宙のリズム」は逆らうことのできないものであり、この絶対的リズムを保つための体内時計を自ら持つことで、環境の中の絶対的な周期変化にうまく適応してきたのである。

動植物さらに微生物も含むすべての生物には、生物リズムと呼ばれる生命現象の周期的な変化がある。生物は各生物種の繁栄と保存に最適な時間構造を選択していて、一定の時間間隔で生命現象が繰り返されている。生物のもつ周期的なリズムの代表的なものが24時間周期であり、一昼夜の自然環境のサイクルに一致しており、大多数の生物の基本的リズムである。

視交叉上核（SCN）は親時計

各細胞にも末梢時計（時計遺伝子）が存在し、体内時計（親時計）と同じ時を刻んでいる。親時計の視交叉上核は、両眼から伸びている視神経が交叉している部分のすぐ上の部分に存在する（図7.1）。

時計信号は神経を通って全身に伝えられている。伝えられる信号の指令により松果体では、メラトニンの放出量を変える。メラトニンはホルモンの一種であり、夜間に多くなる睡眠物質の一種である。他にも満腹中枢、体温中枢、自律神経系などと繋がっていて、時計機能は統一的にコントロールされている。

親時計は末梢時計を同じ時間で調整する役割を果たしている。最近の遺伝子レベルの研究によって、細胞の末梢時計（時計遺伝子）の時を刻む仕組みが解明されている。概日リズムは、親時計と末梢時計とが相互に関係しあって24時間かけて一回りすることでできている。

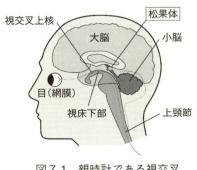

図7.1　親時計である視交叉上核のある位置

第7章　生物時計　153

ヒトの概日リズムと体内時計

　ヒトにとって重要な生体リズムは概日リズムであり、体内時計によって「睡眠と目覚め」や体温のリズム、空腹と食事、排便など、ほぼ同じ時刻で繰り返され、生活リズムがコントロールされている。ヒトは24時間周期で生活しているが、体内時計のリズムは25時間周期で動いており、毎日日光（日長の日変化など）によって24時間に再調整されている。このように生体リズムはおよそ1日を周期としたリズムをもつことから概日リズムと言う。

　ヒトの実験でも、昼夜の光と温度変化から完全に隔離した条件下では、他の動物の実験結果と同様に、日周期リズムが少しずつ遅れていくことが明らかにされており、25時間の睡眠と目覚めのリズムを示す。ヒトの通常の生活では、体温、血圧、心拍数は午前3時くらいに最低となり、夕方最高になるリズムを示す。体温の日周期リズムは、睡眠リズムと深く関係しており、眠気を感じるときには体温は低下している。

　各種ホルモンの分泌される時間帯は、ほぼ決まっていることが明らかになっている。例えば成長ホルモンは夜間の睡眠中に分泌されるが、「寝る子は育つ」と言われてきたことがうなずける現象であろう。恒常的に活動している呼吸や血液の循環、消化に関係するのは自律神経であるが、日中の活動的な時間帯には交感神経系が働き、鎮静的な夜間は副交換神経系が活発になるが、前者からはアドレナリンが、後者からはアセチルコリンの分泌があり活動をコントロールしている。

　ヒトのリズムも研究が進み、300以上もあることが明らかになっている。体内の細胞自身がリズムを持っていて、細胞の集合体である脳、心臓、肺などの各臓器にもリズムが刻まれている。生体リズムは、生物時計に生まれながらに備わっている内因性（endogenous）であり、遺伝的に組み込まれた時計遺伝子によって制御されているのである。

7.2　生物時計と健康

健康な生活と生物時計

　我々の持つ生物時計は、脳内の視交叉上核に存在し、約24時間の周期を示すことはすでに述べた。この時計のリズムにあわせてホルモンの分泌・代謝作用などの生理的調整機能がコントロールされており、前述の体内周期が維持されているのである。

　ヒトの自律神経は24時間の周期で規則正しく動いていて、そのリズムに合わせて心拍、血圧、呼吸、体温などの生命機能が動いている。体温や血圧には規則的な24時間周期のリズムがあり、午後3時くらいに最高値を示し、午前3時頃に最低値となり、年齢に無関係にほぼ一定である。身体機能の頂点は、午後3時から5時にかけてであることがわかってきた。したがってこの時間帯に重なるオリンピックの競技では、世界新記録が出やすい可能性がある。

　同様の日周変動は、自律神経である交感神経と副交感神経の活動、脈拍数、心臓からおくられる血液量にも見られる。この他にも、内分泌系の副腎皮質ホルモン、成長ホルモンの分泌なども24時間周期が知られている。成長ホルモンは夜間の睡眠時間に多く分泌されることから、「寝る子は育つ」と言われる。この背景には、子どもの夜間の睡眠が「途中で妨げられる、睡眠が短い」などになると、成長ホルモンの分泌が悪くなり、身長の伸びや脳の発達にも影響の出ることが考えられるのである。

　近年の多くの体内時計の研究により、私たちの病気や事故の原因の1つとして、「体内時計の働きが崩れたこと」があげられている。「人為的ミスによる事故」と体内時計との関係や「うつ病、各種がん、骨粗鬆症などの病気」と体内時計の関係が研究されている。経済発展した現代社会の生活は、多くの人にとって本来の生物の生き方と異なる大きなズレを生んでいる。このズレが人間に精神的、肉体的な負荷を与え、ストレス社会となっ

ているのである。アルツハイマー病に罹ると視交叉上核のニューロンが激減することが知られており、睡眠リズムが崩れて夜間徘徊する原因の１つだと考えられている。

生体リズムと健康な食事

　栄養学を生体リズムの観点から研究している女子栄養大学副学長の香川靖雄氏は、健康維持には「食べる量や内容だけでなく、食べる時間が大切」と言う。脂肪を溜め込む働きにも１日のリズムがあり、15時にもっとも弱く、深夜になるほどその働きが強くなる。つまり、同じものを食べても、昼間に食べるより夜中に食べたほうが太りやすくなるというのである。香川氏は、さらに朝食の重要性を説く。人間の生体リズムは、朝日を浴びることだけでなく、朝食を摂ることでもリセットされるからである。「朝食を摂らない人は太りやすい」とも指摘するが、その理由は次のようである。

　人間の身体は睡眠中、消費するエネルギーをなるべく少なくするために節約モードになるが、朝食を摂らないとそれが起床後も続き、全身のエネルギー代謝が低下する。血糖値が低下し、足りない血糖を補うために筋肉が削られる。筋肉の減少が体力低下と安静時のエネルギー消費の低下を招き、太りやすくなるということである。血糖値低下で食欲が増し、昼食、夕食を多く摂るようになる。そのため急激に血糖値が上昇して、これを脂肪に変えるインシュリンが過剰に分泌されて肥満が起こるのである。

　朝食を抜くと脳が飢餓の危険を感じて、心身の活動を極力抑え、脂肪の合成を促進する。このように朝食抜きはいいことがないのである。

　理想の食事は、朝、昼、夕のバランスが３：３：４であるという。できれば毎日決まった時刻に食事を摂り、夜は20時までに食べることが理想である。遅くなる場合は、脂肪を溜め込む働きが高まる前の夕方に何か口にしておき、夜食を減らす食べ方が良い。生体リズムを利用して、自身の健康管理につなげることもできる。時間治療ならぬ、時間ダイエットができ

るというのである。

病気の時刻表

生体リズムに24時間周期があることから、特定の病気と発症する時刻や悪化しやすい時間帯のあることがわかってきた。これは昼夜で交感神経と副交感神経の働きが入れ替わって、自律神経のバランスが崩れ、様々な体内変化の起きることと関係している。いろいろな身体機能が低下するのは、午前3時から5時にかけてが多い。多くの病気に対する免疫力を示すナチュラルキラー（NK）細胞の活性も昼間高まり、夜間には低下する。明け方の時間帯は病気に対する防御能力、注意力を司る中枢神経系の働きが弱くなっているのである。

その結果として、図7.2のように慢性関節リウマチ、気管支炎、へんとう腺発熱などは早朝に集中し、運動狭心症、心筋梗塞、脳梗塞、心突然死は血液が凝固しやすい午前8時頃に発症しやすい。逆に、血液の凝固が最低となる夜8時頃には、脳出血や、胃十二指腸潰瘍の穿孔（せんこう）など出血性の疾

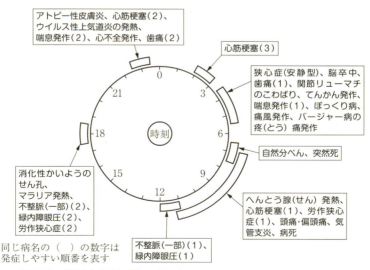

図7.2　病気時刻表（「毎日新聞」1999年8月31日朝刊より改変）

患が発症しやすい。病気には、発症しやすい時間帯のあることがわかってきたことから、病気の診断や治療に時間の概念を取り入れることが重要である。

　薬剤の投与や服用にも時間概念を取り入れることは治療効果を上げ、副作用を小さくする点からも意義が大きい。一部では薬の量と投与時刻を決めることも時間治療の考え方を取り入れて行われだしている。薬の投与時刻を変えるだけで、少ない量で2倍、3倍の効果が出て、副作用を最小限に抑えることができる可能性がある。

　時間治療という考え方が出てから40年以上になるが、具体化には時間がかかっている。しかし21世紀の医療には、生物すべての生命に大きく関係する生体リズムの概念無視は、あり得ないことである。病気の予防や治療に大きな効果を示す時間や時刻の概念を組み込むことは、当然のことと思われる。

　抗がん剤の最適時間帯投与の試みを行なっている病院がある。体内リズムを考慮して、最適な時間帯に抗がん剤を投与することで、激しい副作用を抑制して高い治療効果を得ようとする試みである。

時間治療

　大腸がんが肝臓に転移して手術はもはや無理という男性患者が「時間治療」を受けて転移したがんが縮小したことから、手術が可能になり通常の生活ができるようになった。ほかにも「時間治療」はNHKテレビでも取り上げられて話題になったが、「時間治療」とは何であろうか。

　北里大学薬学部の吉山友二教授は、次のように説明している。前述のようにヒトの体には生体リズムがあり、同じ薬物で等量投与しても、効果が大きく出る時間帯とそれほどでもない時間帯が存在する。つまり、時間によって薬物に対する感受性に差がある。そのため、生体リズムや病気の特性を知った上で投薬すると、高い効果が得られ、副作用の軽減も可能なのである。肝臓に転移したがんの例は、一般では昼間に投与する抗がん剤を

夜間就寝中に投与して、劇的な効果となった。

　なぜそのようになるのかというと、正常な肝臓細胞には抗がん剤を分解する作用（抗がん剤に限らず、肝臓は異物を分解する）がある。この異物分解作用は、昼間は低く、夜間に高くなることが明らかになった。夜間に抗がん剤を投与した場合は、正常細胞への抗がん剤の影響は小さく、副作用は軽減され髪の毛が抜けるなども少ない。

　時間治療学の研究者で自治医大教授の藤村昭夫氏は、次のように説明している。「抗がん剤を投与する時間によって、血中の薬物濃度や正常組織の傷害の程度が異なることが明らかになっています。正常細胞の種類によってもその傾向は異なりますが、例えば直腸の粘膜細胞にも抗がん剤の影響を受けやすい時間帯と受けにくい時間帯があります。

　大腸がん患者を対象として、ある種の抗がん剤を一定量、24時間にわたって一定の速度で投与し続けた場合と、明け方の4時および夕方16時の2回に集中的に投与した場合では、後者のほうが副作用の出現頻度が約1/5に、さらに抗がん剤の効果は2倍になったという報告もある」と紹介している。

　抗がん剤は、投与するとがん細胞だけでなく正常な細胞も攻撃することから、「脱毛や吐き気、下痢など」さまざまな副作用が出る。副作用には個人差もあるが、副作用に耐えられずに投薬の削減や中断をすることもある。投薬しなければ治療効果は得られないし、逆に副作用がない場合は、投薬量を増加して治療効果を高めることも可能になるのである。藤村教授は、「抗がん剤は副作用が起きない範囲で大量に投与するのが基本」と述べている。その意味で、薬物ごとに副作用の少ない時間帯を見つけることは治療の上で非常に重要になるのである。

　時間治療はがん以外の病気の治療にも効果を発揮しつつある。その背景には、「生体リズム」が関わっているのである。喘息の薬は夜寝る前に飲んだ方が良い場合が多い。なぜなら、気管支の径の太さの日内変動を計ってみると、健常人でも昼間に比べて夜間に気管支が細くなることがわかった。

特に喘息患者では夜間に気管支の細くなる傾向が極端なために、明け方に発作が出やすいことから、夜間に薬を飲む効果が高いことがわかったということである。

他にも高脂血症薬の服用は夕方が効果的である。なぜならコレステロールの合成は夜間に高くなるからである。藤村氏によると、脳梗塞や心筋梗塞、狭心症、骨粗鬆症、アレルギー性鼻炎などについても時間治療が行なわれるようになってきて効果を発揮しているのである。

睡眠障害と対策

現代の都会では、24時間眠らない街が増えており、深夜勤務の人は珍しくなくなっている。そのような生活で睡眠障害に悩まされる日本人は、欧米に比べて多く、5人に1人とも言われている。単に眠れないだけでなく、睡眠の質の問題もある。

なぜ睡眠の問題をかかえる人が増えたのかというと、原因の1つが眠る前に過ごしている部屋の明るさにあるとの指摘がある。睡眠と密接に関係するメラトニンというホルモンは、分泌量が増えると睡眠が促される。通常メラトニンの分泌は、朝起きて日光を浴びてから13〜16時間すると増加して、眠くなる。ところが夜になっても明るすぎる部屋にいると、脳はまだ昼間と勘違いしてメラトニンの分泌を抑えることから、すぐには寝付けない。

一般家庭のリビングの照明の明るさは800ルクス（スーパーの生鮮食品売り場並み）もあり、明るすぎである。欧米のリビングの照明の明るさは200ルクス（ホテルの照明）程度であり、これに比べてだいぶ明るい。また同様の理由で、夜間眠る前にコンビニで長く過ごすと入眠が妨げられる。

さらに、昼間日光を浴びることが少ない人が多くなっていることも睡眠障害と関係する。多くの家庭が夜更かし傾向にあり、子どもも遅くまで塾通いやゲームで早寝せず、朝起きるのがつらいことが多いようである。

夜間の飲み物や喫煙が原因で睡眠が浅く寝不足になる場合もある。例え

ば、カフェインを多く含むコーヒー、紅茶、濃い緑茶などはもちろん、ドリンク剤にもカフェインが多いものが少なくない。さらに睡眠薬代わりにお酒という人も少なくないが、アルコールも多く飲むと熟睡できなくなるので注意が必要である。

時差ボケとその対策

　ヒトの体には前述のように日周期リズムがあり、朝の目覚めで日光に当たることで、生活リズムのスタートになる。これが海外旅行や出張で時差が5時間以上ある地域に飛行機で短時間に移動すると、現地時間（外因性リズム）と日本での日常の睡眠と目覚めのリズム（内因性リズム）が大きく異なることから狂いが出て時差ボケになる。時差ボケは、夜間に眠れない、日中の眠気や疲労感、頭痛などが出ることが多い。行き先が西方向ヨーロッパなど）より東方向（日本からだとアメリカなど）で強く出る傾向がある。

　時差ボケ症状は、海外に行かなくても、受験勉強や勤務シフトによる昼夜逆転生活により起きる。特に継続的ではなく1週間など短期にこのシフトの逆転が繰り返されると、眠る機能が低下してひどくなる。

　海外で起きる時差ボケの場合で、短期間（2～3日程度）の滞在なら、日本を発つ前に十分な休養と睡眠をとり体力を確保し、日本時間での睡眠時間に長めの睡眠をとり、現地時間に合わせず乗り切ることも選択肢である。また長期の場合は、東方向（アメリカなど）の場合には数日前から就寝時間を早めにして早起きに切り替える。また逆に西方向（ヨーロッパなど）の場合は、遅く寝て遅い時間に起きる工夫が効果的である。到着後は、滞在地で強い太陽光を浴び、現地時間にあわせて行動する。

　睡眠環境（寝室も含め）は、少しでも眠りやすくするために、就寝前は照明を暗めにし、寝室は静かで暗くなるようにし、起床時には日光が強く入るようにカーテンを開け、部屋の照明を強くする。また心と体がリラックスできるように心地よい静かな音楽を聴くなどの工夫も良い。

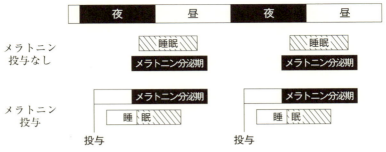

図7.3 メラトニンの投与と睡眠の関係（大川・内山，1999を改変）

最近注目されるのはメラトニンであり、夕方投与すると睡眠リズムが早まり早く眠くなり、朝の場合は目覚めが遅れる。概日リズム睡眠障害の治療にメラトニンを投与することが効果的であることが知られる。具体的投与としては、眠りたい時間の6〜7時間前、あるいは睡眠の予定時刻の2〜3時間前に投与することが多い。

メラトニン投与による睡眠リズム障害に対する効果の例として図7.3を示す。通常入眠に障害があるとき、メラトニンを眠りたい時間の15分から3時間前に投与すると睡眠が誘発されるが、全睡眠時間は変化しないことが明らかになっている。このようなことからメラトニンが入眠障害の治療薬として期待されており、時差ボケの治療にも用いられているのである。しかも習慣性などの副作用も見られない。

7.3 ネオニコチノイド系農薬の問題点と発達障害

7.3.1 自然界とヒトへの影響

世界的にミツバチの大量失踪や鳥類の激減が報告され、我が国でもミツバチの大量死が伝えられている。その原因として疑われているのが、安全な農薬との触れこみで世界的に使用されているネオニコチノイド系農薬である。この農薬は、ミツバチの減少問題で注目されているが、自然生態系

における、生物多様性への影響、トンボの激減や小鳥の減少などの原因の可能性がある。

ネオニコチノイドとは、ネオ（新しい）ニコチノイド（ニコチン様物質）のことで、1990年頃に有機リン酸系の農薬の後に開発された殺虫剤である。ネオニコチノイド系農薬は、神経伝達物資であるアセチルコリンと結びついて神経を興奮させ続ける作用があることが知られている（図7.4）。その結果、害虫が死ぬことで効果があるのである。

ネオニコチノイド系農薬は、1990年代から有機リン系農薬に代わって安全な農薬として世界的に使われるようになった。現在、世界中で多量に使われている。この農薬の使用時期と重なって、ミツバチの失踪と大量死が起こり、群れごと壊滅する「蜂群崩壊症候群」（ＣＣＤ）として世界各国で大問題となった。

ネオニコチノイド系農薬はニコチンに類似したニコチノイド成分を使った殺虫剤で、近年世界的に見て最も多く使用されている殺虫剤と言われて

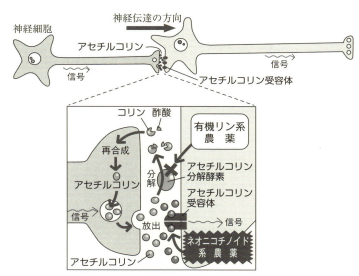

図7.4　ネオニコチノイド系農薬によりアセチルコリンの働きが異常になり神経伝達が狂うメカニズム（木村・黒田，2014より）

いる。アセタミプリド、イミダクロプリド、クロチアニジン、ジノテフラン、チアクロプリド、チアメトキサム、ニテンピラムおよびフィプロニルの計8種の物質が特に問題とされている。

　ネオニコチノイドは生産者にとって使い勝手が良い農薬であり、散布回数が少なくて済むので「減農薬」登録ができる。稲の苗を育てる「育苗箱」に使えば、田植えの後も1～2カ月間は殺虫効果が続く。「種子処理剤」として使えば、その種子から育った作物全体に殺虫成分が行き渡ることから、散布するより環境への負荷が少なく見えるために農水省も農協も推薦している。

　ネオニコチノイド系殺虫剤の問題点は何か

　ネオニコチノイド系殺虫剤は、神経毒性により特定の害虫を殺すタイプであり、他の昆虫、野鳥に対する影響は少ないとされてきたが、生態系全体への被害が心配されている。

　この殺虫剤は水に溶けて根から葉先まで植物の隅々に行き渡る浸透性殺虫剤であり、使用した作物には植物体全体に殺虫性が広がることから被害を受ける生物が多くなるわけである。植物体に浸透していることから、水で洗っても落ちず、土壌中にも長く残留する。

　ネオニコチノイド系農薬は脊椎動物に比べて昆虫などの無脊椎動物に対して選択的に強い神経毒性を持つことから、ヒトや鳥を含む脊椎動物には安全とされている。

　その結果それまで広く使用されていたヒトへの毒性の高い有機リン系の農薬に代わって、すばらしい殺虫剤として各分野に普及した。2000年代に入り家庭の中もネオニコチノイド系農薬だらけになった。家庭用殺虫剤、ガーデニング、ペットのノミ取り・駆除剤、住宅建材にも使われている。新しく建てた家は、建材をネオニコチノイド系農薬の液に浸して防虫していることから、農薬に囲まれ、さらに床下にはシロアリ駆除剤ということからシックハウスが心配される。家庭内でのネオニコチノイド系農薬の被

害はこれから表面化するのではないかと危惧している。強力なゴキブリ殺虫剤は、ネオニコチノイド系のフィプロニルが多い。メーカーは揮発しにくいから大丈夫と言うが、家庭での十分な注意が必要である。

ミツバチの失踪

世界的にミツバチが大量に死亡あるいは失踪が起こり、養蜂家だけでなく、果樹農家やハウス栽培での受粉昆虫としてのミツバチを利用していた農家でも死活問題になっている。また多くの農家にとって、せっかく安全性が高い殺虫剤として有機リン系からネオニコチノイド系にしたのに、この殺虫剤がダメなら、何を使えばよいのかということになる。

また消費者にとってもネオニコチノイド系殺虫剤は、減農薬の切り札として期待していたのに、お茶にも残留し、知らない間に使用されていたというリスクがある。

アカトンボの減少

2000年頃からアキアカネに代表されるアカトンボが大きく減少した。その理由として、イネの育苗箱にネオニコ系農薬のフィプロニルやイミダクロプリドを使うようになったことが原因としてあげられている。全国の稲作の6割でネオニコチノイド系農薬が使用されているのである。

養蜂家によると、かつては有機リン系農薬が使われており、ミツバチへの被害が出たが、規模は小さかった。ネオニコチノイド系農薬では全滅する。以前の農薬では、散布場所から離れていれば被害は出なかったが、ネオニコチノイド系農薬では無味・無臭、ハチも人も気づかないが、半径4kmまで汚染し、被害が出るという。特にミツバチへの毒性が高いとも言われている。

国はネオニコチノイド系農薬が原因と認めたくないため、ストレスやウイルス、ダニ、複合影響説などを説いてきたが、2012年、科学の一流雑誌『サイエンス』と『ネイチャー』に、ネオニコチノイド系農薬がミツバチに

影響を及ぼすことを実証した論文が 3 本立て続けに掲載された。それでやっと認めざるを得なくなり、農薬が原因と科学的に決着したのが 2013 年である。

薬の複合毒性

　農薬の複合毒性が言われてきたが、ネオニコチノイド系農薬では、殺ダニ剤、殺菌剤と混ぜて使うとミツバチへの毒性が高くなるものが見つかっている。実験によると、殺虫剤であるネオニコチノイドとトリフミゾールという殺菌剤を混ぜて使うと、ミツバチに対する毒性が 1141 倍にアップしている。これは他の昆虫や生態系、さらにヒトに対してはどうか？　ということが心配されるが、明らかにされていない。

ヨーロッパの予防原則

　日本では使用が拡大した時期に、フランスでは 1999 年には予防原則の視点からいち早くネオニコチノイド系殺虫剤の使用を一時停止し、さらに 2006 年には最高裁で正式に使用禁止し、さらに 2018 年までに農薬の使用量の半減を目指している。

　同様にイギリス、ドイツ、イタリア、アメリカでもネオニコチノイド系農薬に対して使用の禁止や、自主的な規制が行われている。また 2013 年 12 月 1 日からは EU で 3 種類のネオニコチノイド系農薬の使用規制が始まった。今回の規制は、ネオニコチノイドが農作物の受粉を助けるミツバチに対して有害性があると明らかになったことから、2013 年 5 月に欧州委員会が決定したものである。欧州委員会は今後 2 年以内に、これらの農薬に関する新たな科学情報を見直し、禁止を取りやめるか、暫定的に継続するか、それとも恒久的に禁止にするかを決定していくことになっている。

　世界的にミツバチの大量失踪や鳥類の激減が報告され、ミツバチの大量死が伝えられている。その原因として疑われているネオニコチノイド系農薬は、人体へもジワジワと影響が出ている。さらに農薬漬けの農産物は、

子どもから高齢者まで健康被害をもたらし、日本の将来を危うくしている。

人体被害

ネオニコチノイド系殺虫剤は、ミツバチへの影響だけでなく、ヒトに対しても深刻な被害が発生している。殺虫成分のニコチン類似物質は選択的効果で昆虫などの節足動物にだけ効き、脊椎動物への影響はないとしていたが、これが事実と異なっていたのである。ヒトの神経系でも働いている神経伝達物質・アセチルコリンの働きを攪乱して正常に働かなくする問題が起きている。特に日本の研究者木村－黒田純子氏により、子どもの脳の発達を阻害する懸念が指摘されている。

ネオニコチノイド系殺虫剤の中毒では、不整脈、狭心症、心電図異常、短期の記憶障害を起こす可能性が指摘されている。低濃度でも慢性的に取り込んだ場合、うつ病の一因になる可能性が指摘されている。神経毒の症状の特徴としては、「動悸・息切れ、めまい」、「手のふるえ」、「うつ」、「凶暴」などが発症する。近年増加している「引きこもり」や「キレる」、「うつ」などの増加の原因に、新農薬の被ばくが疑われている。

ネオニコチノイド系殺虫剤は妊婦の胎盤も通過することから胎児への影響があり、胎児の場合、ADHDなど発達障害を起こしている。

空中散布

松枯れ防止の空中散布が全国各地で行なわれているが、近年使用されているネオニコチノイド系の商品名「マツグリーン」は、地形によって貯まりやすい場所があり、被害者が部分的に多発した。前橋市の開業医・青山美子先生は、患者の発症と農薬散布との相関関係を明らかにし、空中散布の自粛を勝ち取った。農薬が空中散布されると、松くい虫だけでなく周辺のミツバチを含む多くの昆虫や野鳥も被害を受けることになる。

お茶畑やリンゴ、ナシ、モモなどの果樹園では、近年ネオニコチノイドが大量散布されている。その結果、果物をよく食べる人やお茶を多く飲む

人で症状が出るようになっている。

　人体への被害で明らかになっているのは、ごく限られている。その理由は、微量で症状が出ることと、研究している医師が少ないこと、また被害者が日本に集中していることがある。なぜ日本で被害が多いかというと、日本の作物への残留農薬基準が欧米に比べて何倍も緩やかであることが背景にある。2011年、日本は基準値を改正し、わずか引き下げたが、それでも日本の基準値はアメリカと比べて2〜10倍、EUと比べると3〜300倍も高く、本質的な改正にはなっていない。

日本の残留農薬基準

　日本の厚生労働省が設定している残留農薬基準量では、500gのブドウにネオニコチノイド系殺虫剤のアセタミプリドが残留基準と同じ5ppm残留していた場合を考えてみる。体重25kgの子どもがこのブドウを全量食べると、一日摂取許容量（ADI）を超えて急性中毒基準量になってしまう。

　ホウレンソウの場合を見ると、イミダクロプリド残留基準は15ppmであり、この基準値の農薬が含まれるホウレンソウを平均体重15kgの6歳以下の子どもが80g食べると、EUの急性中毒基準量に達する濃度である。

日本は集約農業

　日本は集約農業で知られ、狭い土地で効率的に作物生産が行なわれているが、慣行栽培では化学肥料と牛糞を中心とした有機肥料が多く使われている。この牛糞には炭素に対して窒素分の比率が高く、牛糞堆肥が施肥されると窒素分がアンモニア態窒素に化学変化して害虫が誘引される。その結果、農地の窒素肥料濃度が高くなるほど虫害が増加し、殺虫剤散布も増えるという悪循環が知られている。

　アメリカでは家畜に成長ホルモンや抗生物質の多用が言われているが、このようにして飼育された家畜糞尿の堆肥を農地で使用することは禁止されている。このことは、TPPでアメリカ産の牛肉・豚肉の輸入が増加す

れば、成長ホルモンや抗生物質の残留した肉を食べることになり、新たな懸念が生まれる。

有機農産物

EUの農家では、環境問題や生物多様性、農村景観の保全などの多面的機能重視を考慮して、有機農業を目指す人が少なくない。これに対してEUとして補助金を支給している。収量の上がらない有機農業への転換や継続に対して補償し、社会的な利益として対価を払う制度である。ドイツをはじめ各国は、有機農業を推進するための法的な整備が進んでいる。

一方日本では、有機農業は個人任せであり、政府も農協も本格的に取り組んでいない。しかし消費者も生産者も勝手に感覚的に、日本の農産物は世界一安全で付加価値が高く、高価格でも売れる農産物と思っている。見かけの良さと均質性では世界一かも知れないが、栄養成分の不足や農薬の残留を考えると暗澹たるものである。

消費者の意識の低さゆえに、見かけと値段だけを重視している限り、生産者もそれに合わせざるを得ない。消費者が自らの健康と生物多様性も考慮できるような知恵をつけない限り、国家予算の3割も医療費にかけて、認知症や介護の必要な高齢者を養うことから解放されることはないであろう。

7.3.2 増加し続ける発達障害

日本の教育現場でも自閉症や注意欠陥多動性障害（ADHD）、アスペルガー症候群などの発達障害が問題になっているが、アメリカでは約17％の児童が何らかの発達障害児であると報告されている。日本の厚生労働省の研究では、5歳児検診で9.6％の軽度発達障害児の存在をあげている。つまり子どもも老人も農薬の影響で病いを抱えている現実を、今こそ認識し早急に対策する必要がある。

発達障害と農薬

　脳神経学者の黒田洋一郎らによると、自閉症の主な病態を以下のように示している。(1)炎症反応を含む免疫異常が関与する、(2)酸化ストレスによる障害、(3)ミトコンドリアの機能障害、(4)有害な化学物質の関与。自閉症におけるこれらの(1)～(3)の病態は、(4)の農薬や大気汚染物質など毒性のある化学物質曝露に起因する可能性とその証拠が見つかってきたことを指摘している。

　日本の農薬使用量は、OECD加盟国中で単位面積当たり世界第2（2002年では世界一）と極端に多いと言える。これまで日本では、農薬による環境汚染や健康被害が起き、深刻な事態になると、安全性を謳い文句にする代替農薬が開発され続けた歴史がある。農薬登録認可の毒性試験はいろいろあり、EUやアメリカでは一応される発達神経毒性試験は、日本ではされていない。その結果、日本では感受性が高い発達過程の脳に対する安全性を確認しないまま、多くの農薬が使用されている。

　有機リン系農薬に妊娠中の女性が曝露すると、生まれてくる子どもにADHDなどの発達障害を起こすリスクが高くなる。さらに日本人は多くの農薬や有害汚染物質に曝露されていることからリスクはさらに高まり、生まれた子どもは汚染した母乳により汚染物質濃度が高まる。

ネオニコ農薬と発達障害

　疫学調査などで危険因子となった有機リン系農薬を放置したり、より危険と考えられる新農薬ネオニコチノイドなどを何の制限もなく使い続けたりすれば、発達障害児を将来にわたって増やすことになりかねない。

　これはすべての子どもの健やかな発育、ひいては日本社会の将来につながる重要課題である。地球温暖化同様、農薬についても、子どもに重大でかつ取り返しのつかない不可逆的な影響を及ぼす恐れがある場合、科学的に因果関係が十分証明されない状況でも規制措置を可能にする「予防原則」を適用すべきだ。

家庭用殺虫剤としても身近に使われているこれらの農薬は、殊に室内での使用を極力抑え、危険性の高いものは使用を停止するなど、迅速に手を打つことが必要であろう。

「慢性神経毒性、特に脳機能発達へのまともな毒性試験が全く行なわれないまま、グローバル化する危険な人工化学物質による環境汚染。世界に広がるミツバチの大量死は、まさにその警告であるように思えてならない」(「西日本新聞」2012年11月21日朝刊)

また、「ＡＤＨＤに関係も　米研究者が発表」と題し、以下のような記事も書かれた。

「有機リン系農薬に暴露した子どもは、注意欠陥多動性障害(ＡＤＨＤ)になりやすいという結果研究が2010年、米ハーバード大学の研究者らによって明らかになった。研究者らは、子どもたちの尿中の農薬分解物質を追跡。それらのレベルが高い子どもは、検出されなかった子どもに比べて約2倍、ＡＤＨＤになりやすいことを発見した。黒田洋一郎さんによると、有機リン系農薬はＡＤＨＤだけでなく知能(ＩＱ)低下、作業記憶の障害も起こすという論文も増えているという。(一部要約)」

(「西日本新聞」2012年11月28日朝刊)

7.4　食生活の変化がカルシウム不足の原因

7.4.1　日本人の食生活の問題

日本人の食生活には2つの問題があると言われている。その1つは「栄養過剰の栄養失調」と言われるものである。つまり三大栄養の炭水化物(カロリー)、たんぱく質、脂質は十分であるが副栄養素が不足しているということである。副栄養素と言われるのは、代謝に関係するビタミン、ミネラル、食物繊維である。この副栄養素が不足した状態では、代謝がスムーズ

に行なわれず、過剰に摂取したカロリーは皮下脂肪や肝臓に脂肪肝として蓄積し、また血管内壁にもたまり肥満・動脈硬化、生活習慣病に至る。スムーズな代謝には、摂取カロリーに見合うビタミンやミネラルの摂取が不可欠なのである。

ビタミン・ミネラルが不足する背景の1つには、野菜の栄養価の低下があげられる。野菜の栄養価は、50年前と比較して20〜50%も減少しているのである。その原因は連作による土壌の劣化と化学肥料の使用によって、土壌中の微量要素が減少し、野菜に十分な栄養が吸収されなくなったことがあげられる。また人工栽培の増加と、流通過程の関係で早く収穫することなども原因としてあげられている。さらに便利に利用されている冷凍野菜やカット野菜もビタミン・ミネラル不足と関係があるようである。また輸入野菜の問題もある、輸入野菜は収穫から時間がたっており、ビタミン類は減少することになる。

食生活のもう1つの問題点は、食生活の欧米化があげられる。日本人は欧米人に比べ腸が長いと言われているが、これは長い食生活史の中で食べてきたものが関係しているのである。日本人は長い間ご飯（米、麦、雑穀）を主食にしてきたこと、ご飯は難消化性のでんぷん質を多く含んでいることから、消化・吸収に時間がかかり、その結果として欧米人に比べて腸が長くなったと考えられているのである。

また日本人は、食物繊維の摂取量が多かったことも長い腸をクリーンにでき、消化吸収するのにゆっくりと時間がかかり、血糖値の上昇も緩やかで問題がなかったのである。ところが、腸の長い民族が脂肪やたんぱく質を過剰に摂ると、代謝システムに負担をかけることになる。軟らかい加工食品や欧米食（パン、乳製品、肉類）を食べると代謝吸収が速くなり、インスリンを急激に過剰に分泌することになり、この負担の継続が日本人の糖尿病を多発させていると考えられる。

食生活の欧米化は高たんぱく・高脂肪であり高カロリー食であることから、日本人特有の代謝に負担をかけ、肥満、糖尿病をはじめとする生活習

慣病の増加を招いているのである。

食生活の変化がカルシウム不足の１つの原因

　日本人の食生活は、歴史的に見ると、米や雑穀、海藻たんぱく源としての魚介類を主に食べて生活してきた。これらの食材にはカルシウムが含まれていることから、カルシウムが不足することはあまりなかった。しかし近年日本人の食生活は欧米化したことから、食事で伝統的に食べてきた魚や海藻を食べることが少なくなり、カルシウム不足が広がった。また食生活に広くインスタント食品が普及したことも、カルシウム不足を拡大する原因の１つになっている。

　日本の土壌は火山灰土壌が多く、カルシウム分が少ないことから、日本で栽培される野菜類にもカルシウム分は多くはない。しかし伝統的に魚を多く食べていたことからカルシウムを多く摂取していた。この食生活が欧米食に変化し、「魚を食べる」ことが少なくなったことからカルシウム不足になったと考えられる。

　カルシウムの不足は、食生活との関係から長期間継続する傾向にあり、骨折などのトラブルまで気づかないことが多いので注意が必要である。カルシウムの不足により、まず血液バランスや血行が乱れる、足がツリやすくなる、手足がしびれやすくなる、などがあげられる。高血圧・骨粗鬆症、動脈硬化などのトラブルの一因として、カルシウム不足があげられる。

加工食品の増加

　便利な生活の中で加工食品を利用することが多くなり、この加工食品に含まれる食品添加物の主成分リンが、カルシウムと結合して体外に排出する問題がある。よく利用しているインスタント食品やレトルト食品、菓子類、清涼飲料には乳化剤や安定剤としてリンが大量に含まれることなどがカルシウム不足の原因になる。現在多くの日本人では、一人暮らしや多忙な日常の中で、注意してカルシウムを摂取しないと不足が起きるのである。

カルシウム不足が高血圧を招くということがわかってきた。その理由は、体内でカルシウムが不足すると、体内のカルシウム濃度を上げるために副腎皮質ホルモンが働き、このホルモンが血管や心臓にも作用し、血圧の上昇を引き起こすのである。高血圧の予防や治療にカルシウムの摂取が効果的ということが注目されている。

　また、「キレる」、「イライラする」などストレスが溜まるような生活のときには、カルシウムの摂取により緩和されると言われている。なぜならカルシウムは無用な神経の興奮を和らげ、中枢神経を鎮めてイライラや過敏な反応を抑えて、ストレスを緩和する働きがあるからである。日常的にカルシウムを摂れるようにしておくことが重要である。

　またストレスが溜まるようなときには、良質のたんぱく質とビタミンA・C・Eの摂取が効果的である。他方、骨の強化にはカルシウムとビタミンD、ビタミンKの摂取とともに適度なストレス（運動負荷）と日光に当たることが重要である。

　カルシウムの摂取で最近注目されているのは、乳酸菌とカルシウム吸収の関係である。ヨーグルトやチーズなどを食べることは、乳酸菌の働きでカルシウムの吸収が促進されることから、より効果的な摂取方法と言える。日本人のカルシウム不足が問題になっているが、特に女性で注意が必要であり、若いときのダイエットや、閉経後にはホルモンバランスから骨粗鬆症の危険性が高くなる。そこで、夜に「乳酸菌を含むヨーグルトやチーズ」を積極的に食べるようにし、さらに大豆によるイソフラボンも摂ると良い。イソフラボンには、骨からカルシウムが溶け出すのを抑え、骨密度を調整する働きが期待できる。

　食物繊維の不足
　食物繊維は、ヒトの消化酵素では消化できない成分のことで、かつては「食べ物のカス」と無用なものとされていた。近年では、腸内細菌による分解・発酵を経てエネルギー源になることや、腸内環境を整えて生活習慣病

の予防に役立つということで、その価値が見直されている。

　食物繊維は、大別すると水に溶ける水溶性食物繊維と、水に溶けない不溶性食物繊維に分けられ、それぞれ生理作用に特徴がある。

　水溶性食物繊維は、コレステロールや糖質の腸内からの吸収を妨げ、血清コレステロールや血糖の上昇を抑制する作用があることから、糖尿病などの予防効果が期待されている。さらに、腸内細菌の発酵を受けやすく、乳酸菌などの有用菌を増殖させ腸内環境を整える。

　不溶性食物繊維は、腸を刺激し腸の働きを活性化させ、腸内に発生した有害物質の排泄を促し、便秘を予防し腸内環境を良くして善玉菌の多い状態を保つことを助ける。また腸内の善玉菌は、脳内に影響を及ぼしセロトニンの生成に作用することが明らかになり、「うつ」を防ぐ効果も注目されている。

　しかし近年、日本人の食物繊維摂取量は1日当たり必要摂取量である20〜25ｇに満たない17ｇと言われている。その結果、便秘の人の増加だけでなく、痔、糖尿病、大腸がん、肥満、動脈硬化などさまざまな病気の増加につながっている疑いがある。食物繊維の過剰摂取に注意しながら、積極的に食物繊維の多い食品を摂ることが重要である。食物繊維は、大腸で水分を多量に吸収して便を軟らかくし、量を増やして腸壁を刺激し、蠕動（ぜんどう）運動を活発にして排便を促す。便秘解消には食物繊維を摂ることが必要である。

キレる子どもの食事

　前述したように、カルシウム不足が子どもの「キレる」ことに関係があることがわかってきた。カルシウムが不足すると、神経や脳の安定した状態を維持することが難しくなり、イライラ、情緒不安定、神経興奮が抑えられなくなるのである。まともな食事を摂らず、スナック菓子と砂糖入り清涼飲料で空腹を満たす子どもたちが少なくない。ところが、スナック菓子にはリンが含まれ、このリンが体の中のカルシウムと結合するため骨の

カルシウムを溶かし、体内のカルシウム不足を起こすのである。清涼飲料水にはリンと糖分が多く、糖分もカルシウムの排泄量を増やし、「キレる」原因になる。

　キレやすい子どもの多くに共通しているものは「甘い飲み物」で、炭酸飲料やジュース類であり、これを飲むと躁状態になる。しかし、「甘いもの」はすぐに消化されてしまい、無くなるとまた欲しくなりイライラし、キレる行動につながる。そこでまた「甘いもの」を飲むと血糖値が上昇し、これを下げるために多量のインシュリンが分泌されるが、その結果として、今度は血糖値が下がる。血糖値が低くなると子どもはイライラし、不快感を示すという悪循環をたどるのである。

第8章　環境汚染物質と廃棄物

8.1　環境汚染と廃棄物

　廃棄物問題は、焼却場と最終処分場が確保されれば解決したと、短絡的に考える風潮がある。しかしそのような単純なものではなく、廃棄物問題は環境汚染問題であり資源・エネルギー問題であると言えよう。廃棄物問題は今や先進工業国の環境汚染問題の重要な課題でもある。

　日本の廃棄物処理は発生源（上流）にほとんど手を付けずに、廃棄する段階（下流）で、どのようにして減量して安全に処理するかということに関心の中心がある片手落ちの対応である。廃棄物の減量、リサイクル、安全な処理には製品の設計と生産の段階からの考慮が必要であり、「部品の再利用の割合を高める」などにおいては不可欠なことである。そのためには、使い終わった製品の処理費用を生産者に負担させること、その負担は価格に上乗せするが、その分で販売価格が上がり販売にブレーキがかかる。価格による販売の減少を最少に抑えるための企業努力がリサイクルや部品の再利用、処理のしやすい製品生産をうながす。これが「拡大生産者責任：Extended Producer Responsibility（ＥＰＲ）」の考え方である。

　また、日本国内ではいまだに廃棄物の減量化には焼却が中心であるが、焼却処理は化学反応をともない、固体であった有機物を、燃焼という化学反応によって気体の無機物に変化させ大気中に放棄する面があること。燃焼反応によって有害なガスが発生し、そのまま大気中に放出すれば大気汚染を起すことを認識する必要がある。このことを考えると、環境先進国にならって徹底した排出源対策によるゴミの減量とプラスチックの再資源化、さらに生ゴミなどの有機性廃棄物の堆肥化や、メタンガス発酵によるエネルギー利用など焼却量を削減する工夫が残っている。それにもかかわらずダイオキシン対策は高温溶融炉とＲＤＦ（ゴミの固形化燃料：refuse derived fuel）しかないように仕向ける対策のあり方を考える必要がある。

8.1.1　廃棄物の焼却

　日本のゴミの75％は焼却処理され、焼却残渣も含め残り25％を埋め立て処理している。焼却処理は埋め立てるゴミの量を減らすための中間処理であるが、焼却によってゴミに含まれる多様な物質が気化して大気中に、あるいは焼却灰に出てくるが、量的には1/5、1/10と減容する。ここで気化して出た重金属をはじめ、ダイオキシンも煙突に取り付けられた集塵機とフィルターによってある程度は吸着されるが、すべてとはいかず大気中に放出され、やがては周辺の土壌に落ちてくる。

　焼却の問題点はダイオキシンの発生だけでなく、二酸化炭素の増加など地球温暖化との関係もある。日本のゴミ焼却に由来する二酸化炭素量は、総発生量の約3.8％にもなると環境庁は報告している。また、少量ではあるが窒素酸化物（ＮＯｘ）や硫黄酸化物（ＳＯｘ）による大気汚染を引き起こす。

　ダイオキシンの発生

　ダイオキシンの発生源としては、表8.1のように都市ごみの焼却が圧倒的に多く、その原因物質としては、多種類のプラスチックの中で特に塩素を含む塩化ビニール系樹脂（ＰＶＣ）が最も大きいが、塩素を含まない発泡スチロールやペットボトルなどでも他のゴミとの混合焼却で発生することが知られており、生ゴミの塩分もわずかながらダイオキシンの発生につながる場合があると言われている。ダイオキシンの発生は、焼却温度が低い（300℃前後）と大量に発生し、高温（800℃以上）ではほとんど発生しなくなるとされている。ところが様々な排ガス成分除去用のバグフィルター部分では300℃前後まで下げられ、ここで再度ダイオキシンが合成されるという問題がある。

　これまで使用されてきた焼却炉で、ダイオキシン規制をクリアできない

炉は休廃止にすることになった。焼却炉の焼却温度を連続焼却によって高温に保ち、ダイオキシンの発生を極力減らすために、全国各地で連続運転できる高温焼却炉の設置ラッシュが起きている。特に1300℃以上の超高温で焼却する「ガス化溶融炉」設置がブームのようになっており、これでダイオキシン問題と埋め立てゴミの減量が可能になると考えられてきた。しかしこれにはいくつかの問題があり、

表8.1 わが国における既知発生源におけるダイオキシン類（PCDD+PCDF）の推定年間発生量（宮田，1998より）

発 生 源	発 生 量 （g TEQ/年）
都市ごみ焼却	3,100～7,400
有害廃棄物焼却	460
病院廃棄物焼却	80～240
下水汚泥焼却	5
製鉄・製鋼	250
自動車排ガス	0.07
木材燃焼プラント	0.2
紙・紙板	40～
紙パルプ（スラッジ燃焼）	2～
クラフトパルプ回収ボイラ	3～
合　　計	3,940～8,450

その1つは設置費用とその後のメンテナンス費用、さらにランニングコストがともに莫大であることから設置自治体では悲鳴を上げている。

ダイオキシン対策に焼却炉を中心にすえて対応しようとする考えは、先進国では日本だけである。ドイツやデンマークなどの環境先進国では、ダイオキシンの発生原因物質である塩化ビニールの使用規制やプラスチックの分別再資源化、さらに家庭排出の生ゴミも別回収して堆肥化やメタンガス発酵に使用して焼却に入れずに解決している。発生原因を除去する方法は、安あがりで最も確実な根本対策であることを教えている。またヨーロッパではダイオキシン対策のために、焼却処理を止めようという動きもある。

ダイオキシンの性質

ダイオキシン類と一般的に言われている物質は、化学的性質や分子の形が似ている約210種の異性体がある。さらに最近ではポリ塩化ビフェニル類の中のコプラナＰＣＢ（38種の異性体あり）もダイオキシン類に含めて

扱うことが多い。これらの異性体の化学的性質はそれぞれ異なることから、毒性が最も強い2-3-7-8-四塩化ダイオキシン（2,3,7,8-T4CDD）の毒性を1として異性体の毒性の強さを示す毒性等価係数（TEF：Toxic Equivalent Factor）で表示する（表8.2）。

ダイオキシンで怖いのは、低濃度で長期間摂取が続いたときに遺伝子や染色体の異常を起こし、発がん性があり、胎児の奇形を起こす慢性毒性である。またダイオキシン類に対する実験動物の半数致死量（LD50：Lethal Dose 50%）には表8.3のような大きな差が見られ、安全性を調べる毒性試験にどの種を使うかで、感受性の高い抵抗力の弱いモルモットと、低いハムスターでは致死量に数千倍もの違いのあることを認識する必要がある。

さらにダイオキシン類にはエストロゲン類似作用があり、ごく微量でもヒトや動物の生殖に関係する生理機能に悪影響を及

表8.2　毒性評価対象のダイオキシン類異性体と2,3,7,8-四塩化ダイオキシン毒性等価係数（TEF）（宮田，1998より）

毒性評価対象のダイオキシン類	TEF
ダイオキシン（7種）	
2,3,7,8-四塩化	1
1,2,3,7,8-五塩化	0.5
1,2,3,4,7,8-六塩化	0.1
1,2,3,6,7,8-六塩化	0.1
1,2,3,7,8,9-六塩化	0.1
1,2,3,4,6,7,8-七塩化	0.01
1,2,3,4,6,7,8,9-八塩化	0.001
ポリ塩化ジベンゾフラン（10種）	
2,3,7,8-四塩化	0.1
1,2,3,7,8-四塩化	0.05
2,3,4,7,8-四塩化	0.5
1,2,3,7,8-四塩化	0.1
1,2,3,6,7,8-四塩化	0.1
1,2,3,7,8,9-四塩化	0.1
2,3,4,6,7,8-四塩化	0.1
1,2,3,4,7,8,9-四塩化	0.01
1,2,3,4,6,7,8-四塩化	0.01
1,2,3,4,6,7,8,9-四塩化	0.001

表8.3　実験動物のダイオキシンによる半数致死量の比較（長山，1994より）

動物	半数致死量
	μg/kg体重
モルモット	0.6～2.0
ラット	20～60
ニワトリ	25～50
サル	70
イヌ	100～200
ウサギ	100～300
ハツカネズミ	100～600
ハムスター	1,000～5,000

＊白色のネズミで、体重が200～300gある。

ぼす「内分泌攪乱物質」の1つであることが明らかになった。

我が国ではダイオキシンの一日摂取許容量（ＡＤＩ：acceptable daily intake）を体重1 kg当たり4 pg（ピコグラム）と定めているが、慢性毒性をもつ物質には摂取許容量は存在しないという立場を米国環境保護庁（ＥＰＡ）はとっている。アメリカでは摂取量の安全基準値として、1日当たり体重1 kg当たり0.01 pgとしている。

ゴミに由来する重金属汚染

プラスチックや紙の印刷に使われていた着色料・顔料や、充電式乾電池中に含まれる重金属類の問題がある。身近に普及しているパソコン用の印刷インクにもカドミウム、鉛、モリブデンなどが使われており、表8.4のように焼却灰に鉛や水銀、カドミウムなどが含まれる。また家電リサイクル法に入れられていない家電製品中に使用されている重金属も、破砕されて直接埋め立てられる分と、焼却されて焼却灰から出る分がある。

重金属のリサイクル（鉛、水銀の回収）

廃バッテリーの鉛は1980年代まで台湾や韓国に輸出され、鉛の再生が行なわれていたが、現地で環境汚染が起きていた。しかし、1992年のバーゼル条約の発効により有害廃棄物の越境移動が禁止され、現在は国内の鉛製

表8.4 焼却灰に含まれる重金属類（安東, 2000より）　　　（単位：mg/ℓ = ppm）

金属＼各種の灰	ストーカー飛灰	流動床飛灰	バクフィルター灰	焼却灰
Fe（鉄）	9,200	32,200	9,100	44,000
Mn（マンガン）	340	1,000	200	1,200
Cu（銅）	660	4,100	380	2,700
Pb（鉛）	3,100	4,400	2,000	5,100
Cd（カドミウム）	110	25	31	13
Hg（水銀）	28	0.66	3.8	0.19
Cr [VI]（6価クロム）	2.4	＜0.7	＜0.7	0.9

（注）流動床とバクフィルターの灰はアルカリ添加．ストーカー灰はアルカリ添加なし．

錬所で処理されており、鉛の全リサイクル率は約60％である。
　バッテリーは鉛、アンチモン電極、希硫酸液とポリエチレン容器と単純であることから、リサイクルしやすい。岐阜県飛騨市の神岡鉱業（旧神岡鉱山）では全国の鉛バッテリーの約3分の1を処理しているが、他にも電気・電子機器の半導体基盤も鉛溶鉱炉に投入して金、銀、プラチナ、銅、鉛などを回収している。テレビ、パソコン、その他家電製品のマテリアルリサイクルも家電リサイクル法の成立によって、経済的・技術的に成り立つのである。ただし溶鉱炉の排煙の中に鉛その他重金属が含まれ、集塵機で完全には捕捉できず、一部大気中に飛散しているという問題もある。
　水銀は、北海道・大雪山麓のイトムカ鉱業所（旧イトムカ水銀鉱山）で回収されており、全国から蛍光管、乾電池などが集められ、年間約2万tの廃棄物から約40tの水銀を回収しているが、他の金属回収と同様に一部は大気中への飛散があり、周辺の大気汚染の問題は起きている。
　上記のように廃家電その他車などの資源リサイクルに、国内の閉山した金属鉱山・製錬所などが静脈産業として生き残りのために非鉄金属の回収をはじめている。家電リサイクル法の受け皿として、非鉄金属製錬所である三菱マテリアルや同和鉱業（現DOWAホールディングス）は、家電4品目の引き取り義務のある家電メーカーと提携してリサイクル拠点事業所を建設した。すなわち同和鉱業は花岡鉱山のあった秋田県大館市に、また三菱マテリアル・細倉製錬所（現細倉金属鉱業）のある宮城県鶯沢町（現栗原市）は、経済産業省が進めているエコタウンの指定を受けて家電リサイクル工場を建設した。かつて公害や鉱害による大きな被害を受けた町において、リサイクル産業での再生が期待されているが、リサイクル産業による新たな環境汚染が起きる可能性があり、十分な対策が必要である。

プラスチック・リサイクルとしてのペットボトル
　ＰＥＴボトルリサイクル推進協議会によると、リサイクル率の「分母」であるＰＥＴボトル販売量（総重量）57万9000 t に対して、「分子」のリ

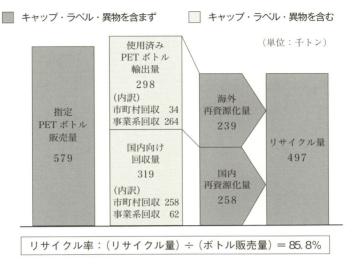

図 8.1　ペットボトルのリサイクル率（PET ボトルリサイクル推進協議会より）

サイクル量は、国内での再資源化量 25 万 8000 t、海外再資源化量 23 万 9000 t の合計 49 万 7000 t であり、85.8％ と高い割合である（2013 年度）。ただし、図 8.1 のように半分近い量が海外に輸出されている。現在日本では、焼却処理であっても、発電機を回して発電していればリサイクルとカウントしていることから、リサイクル率は当然高くなる。

　ところでペットボトルのリサイクルでも、塩ビがわずかでも含まれると再資源としての価値が極端に悪くなる問題があり、塩ビの使用を制限する必要があろう。塩ビの制限によって江戸時代の生活にもどるわけでもないし、日常生活に支障が出たとはドイツでもデンマークでも聞いたことがない。

8.1.2　埋め立て処分場と環境問題

埋め立て処分場

　埋め立て処分場には、安定型処分場、管理型処分場、遮断型処分場の 3 つのタイプがあり、私たち一般市民が直接関係するのは自治体が使用して

いる管理型処分場である。

　管理型処分場は、ゴミにふれた浸出水が漏れ出して地下水や河川水を汚染しないように、底面に防水ゴムシートを複数枚敷いているが、重さが数十トンにもなる廃棄物を破れることなくカバーできるのか心配されている。また防水シートの接着面からの漏水も心配されており、処分場の立地場所の選定が重要である。

　焼却灰のところで述べたようにダイオキシンや環境ホルモン、有害重金属類を含む灰や、その他雑多な有害物質が持ち込まれ、山間地の谷間（全体立地の約7割）や海岸処分場（3割）に埋め立てられているのが現状である。このままでは、地下水汚染、河川水汚染によって飲料水の汚染が避けられない心配がある（表8.5）。ひとたび処分場が造られると、汚染の心配を半永久的に抱える恐れがあることから、廃棄物を徹底的に減らし、廃棄物の少ない循環型社会をつくることが望まれる。

　これからの埋め立て処分場

　これからの処分場のあり方として、処分場からの有害物の流出を覚悟し

表8.5　地下水から環境基準を超えた有害物質と、それらを検出した一般廃棄物処理場数

基準超過の水質項目	超過した処分場数	測定濃度範囲 (mg/ℓ)	環境基準値 (mg/ℓ)
鉛	30	0.011〜0.38	0.01
ひ素	9	0.02〜0.08	0.01
1,2ジクロロエタン	3	0.0074〜0.13	0.004
総水銀	2	0.006〜0.0008	0.0005
カドミウム	1	0.016	0.01
シアン	1	0.01	検出されないこと
ベンゼン	1	0.051	0.01

（注）　1つの処分場で複数の水質項目が重複して基準値を超過した所もあり、どれかの項目ででも基準値を超過した処分場は計37カ所であった。
《資料》「日本経済新聞」1999年7月8日（福岡版）より

て、被害を最小限に食い止めることのできる場所を選定すべきである。また中間処理施設によって、埋め立て物に含まれる有害物質を無害化して埋める。厚生省（2000年当時）は処分場が造られる地域住民への情報公開を進め、廃棄物処理についての安全性、信頼性の向上に努めることの重要性をあげている。

　また埋め立てるゴミの危険レベルによって埋め立てる場所を分けて使用することと、現在はコスト的に資源化できないが将来可能な、例えばプラスチックなどは別にして保管するなどの発想が必要である。すべての埋め立て物を同じ処分場に埋めることによって、埋め立てゴミ全体を最も危険なゴミとして扱わざるを得なくなる無駄を改める必要がある。こうすることによって処分場の安全性を高めることが可能であり、処分場建設経費の節約も可能である。

ゴミの資源化と環境・エネルギー対策
　ゴミ問題は資源・エネルギー問題であり環境問題であると述べた。現代社会は莫大な量のエネルギーと資源を使って資源を大規模に加工して、山のような廃棄物を生み出している。「廃棄物」と述べたが、まだ資源として使用できるものを、現在のコスト計算でマイナスになるという尺度によって廃棄物とされているのである。このコスト計算には埋め立てによる「環境負荷」や「原材料を手に入れるための環境破壊や汚染」は含まれていない。片手落ちのコスト計算の結果である。デンマークでは最終処分場の中に区画があって、将来資源化できる埋め立て物と焼却灰は別の区画に埋め、区画の記載を長期間保存して保管という考え方をもって埋め立てている。

　社会の変化はすでに始まっており、資源のリサイクルとして古紙、ガラス瓶、アルミ缶、プラスチックなどについて行なわれている。しかしリサイクルでは回収率を高めてもゴミ減量の切り札にはなり得ない。なぜなら「容器包装リサイクル法」を例に見るとドイツやフランスの制度と比べて事業者の負担が小さく、生産者が生産段階で変革しようという企業努力を起

こさせるインパクトがない。税金を多く投入した見せかけの努力であり、より処理しやすい容器への転換が起きない。

ドイツやデンマークでは多くのガラス瓶とペットボトルがデポジット制になっていて、詰め替え使用（これはリユース：Reuse）が一般的であり、回収して詰め替えられて使用されている。ちなみにデポジット費用は1本30〜50円くらいである。

「アルミ缶が熱帯林を破壊する」と言われるが、これはボーキサイトからアルミニウムインゴットを製造する過程で膨大な量の電力消費が行なわれることに関係している。アルミインゴットを1tつくるのに約2万2500kWの電力を使用する。さらにアルミ缶の製造にはビール瓶の約3倍もの電力を消費することから、電力の高い日本ではアルミを製造しない。ブラジル・アマゾン流域に巨大なダムを造り、熱帯雨林を破壊してアルミを製造している。アルミ缶ビールを飲むとアマゾンの熱帯林の破壊につながるが、瓶ビールなら20回以上も詰め替えて使用できることから地球にやさしい飲み方と言える。

日本では飲料水やビールにスチール缶やアルミ缶が大量に出回っているが、デポジット制のリターナブル瓶にすればリサイクル費用はいらなくなり、廃棄物量もはるかに少なくなる。

8.2 環境ホルモン

現在我が国では「環境ホルモン問題はカラ騒ぎだった」ということにしたい流れがある。福島原発事故以降3年たって、何も解決もされておらず、汚染の実態がますます深刻になっているにもかかわらず、まるで放射能の危険などまったくないかのような風潮が広まっていることと同じ構造である。他方海外では、欧州EUを中心に環境ホルモンの有害な働きについての知見が積み重ねられ、規制も進められ法整備の段階である。

8.2.1 環境ホルモンから「どう身を守るか」

環境ホルモンの正式名称は「外因性内分泌攪乱化学物質」であり、身体の外にある化学物質が原因で、つまり本来のホルモンではない物質が、ホルモンの働きを攪乱するという意味である。海外では一般的にはEndocrine Disruptors が使われているが、Environmental Hormone（環境ホルモン）も使われている。環境庁（当時）は1998年5月に「環境ホルモン戦略計画ＳＰＥＥＤ 1998」において「動物の生体内に取り込まれた場合に、本来、その生体内で営まれている清浄なホルモン作用に影響を与える外因性の物質」と定義している。また米国ホワイトハウス科学委員会は、1997年のスミソニアン・ワークショップで「外因性物質で、生体の恒常性、生殖、発生、あるいは行動に関与する種々の生体内ホルモンの合成、貯蔵、分泌体内輸送、受容体結合、ホルモン作用、その分解・排泄などの過程を阻害する物質」としている。

日本では67種類の化学物質が環境ホルモンと疑われる物質として報告されており、これらのうちの約6割を農薬が占めている。環境ホルモンは、これからさらに増えることはあっても減ることはないであろうと予測されている。日本化学工業協会は、海外の文献等から約2倍の144の化学物質を疑わしい物質としてあげており、現在約70から150種類の化学物質が環境ホルモンとして疑われていると言える。

ヒトのホルモンは、脳下垂体、甲状腺、膵臓、腎臓、副腎、卵巣、精巣などでつくられ、これらのホルモンは血液に分泌されて各臓器や組織に運ばれ特定の受容器（レセプター）と結合した場合だけ、一定の臓器や組織の機能を調節する。またごく微量で大きな生理的調節作用を営み、その作用は即効的であるという特長をもっている。

環境ホルモンの作用の仕方は次のように考えられている。正常なホルモンは、発生や発育などの諸段階で特異的な生理活性を示し、ホルモンレセプター（受容器）を刺激して遺伝子を活性化し、必要な生体反応を起こす。

ところが「環境ホルモン」は、特定の受容器（鍵穴にたとえる）に合鍵のように機能してスイッチを作動させて（刺激して）不要に遺伝子を活性化させ、本物のホルモンの働きを妨害、攪乱する。つまり本来働くときに正常なホルモンが来ても鍵が開かず（スイッチが入らず）、活性化しない。その結果、時には不要なものが過剰にでき、また必要なものが不足して、生体の正常な機能が果たせなくなる。これらのことは動物実験で確認例が報告されていることから、ヒトの生殖器の異常、精子の減少や子宮内膜症も環境ホルモンの影響が懸念されている段階である。

環境ホルモンには前述のように、農薬に由来するものが6割以上（すでに日本で使用が禁止されているものもあるが輸入食品に含まれる可能性がある）を占めている。また廃棄物、特にプラスチックに由来するものも10種類近くあり、処分場との関連で河川の汚染を起こしているものもある。

また、環境ホルモンの問題はこれまでの毒物質などの濃度とは全くレベルの異なる低濃度で影響を及ぼすという問題がある。これまでの毒物の濃度の100万分の1、1億分の1、1兆分の1などと測定自体が難しい濃度で影響や被害の出るものがある。また、生物濃縮が大きく影響することから、食物連鎖の上位のものほどその影響が大きい。

本来ホルモンは、必要な時期に（早過ぎず、遅過ぎず）必要な濃度で（多過ぎず少な過ぎず）存在して、はじめて正常に機能するようにできている。これは、生物が極めて微量なホルモンを繊細にコントロールして機能させるシステムを進化の中でつくり上げてきたことの結果である。環境ホルモンの問題は、この生命システムの根幹にかかわり、種の存続にかかわる重大問題なのである。

環境ホルモン対策

プラスチック製品は安くて軽くて丈夫といいことばかりと思われてきたが、廃棄物処理の視点から見ると、これらの性質がすべて短所になっている。安いから捨てても惜しくないし、再生資源とするにはかさ張って輸送

コストがかかり、さらに安い製品しかできない。また丈夫だから処理に手間取り、一方で燃やすと塩ビからのダイオキシンを筆頭に重金属や有毒ガスが発生し、そのまま埋めるとかさ張り地盤は安定せず、さらに環境ホルモンが溶け出すなどの問題がある。またプラスチックの焼却灰によって重金属も蓄積する。このような面からプラスチックの増加に歯止めをかけて、減らすことが必要である。どうしてもプラスチックを使う必用がある場合以外には、使わない、買わない努力が求められる。

カップ麺やカップのインスタント味噌汁のようなプラスチック容器の食品を減らしていくことや、ラップは塩ビ以外の代替品が出ている。赤ちゃんや子どもの使う哺乳瓶、食器、はし、おもちゃなどはプラスチックのものを避ける。横浜市の調査によると、ポリカーボネート製の給食用食器や哺乳瓶からビスフェノールAが溶け出すことが明らかになっている。小さなことであるが、買い物袋を持参して無料のポリ袋はもらわない、発泡スチロールなどのパック食品は買わない、またペットボトルを使わないなどして、ゴミを減らす努力も必要である。

ヨーロッパでは、プラスチックの製造や使用を規制しているところが少なくない。スウェーデンは1995年に塩ビの廃止を決め、デンマークでは生産・使用・廃棄の制限をした。またオーストリアも塩ビの使用を減らす方針を決め、ドイツは都市部で塩ビ規制を実施しているし、プラスチックのリサイクル推進のために1991年から「包装廃棄物回避令」により、包装材の引き取りを義務化している。また塩ビのおもちゃの規制も進んでいる。塩化ビニール製の赤ちゃんの「歯固めや玩具」から発がん性と環境ホルモン作用のあるフタル酸エステル類が検出されている。このフタル酸エステル類は、塩ビをやわらかくする柔軟剤として使われている。

食物繊維で汚染物質を排泄する

福岡県保健環境研究所の森田邦正らは、ラットの実験で植物性の食物繊維の摂食がダイオキシンの排泄を増加させることを確かめている（図8.2）。

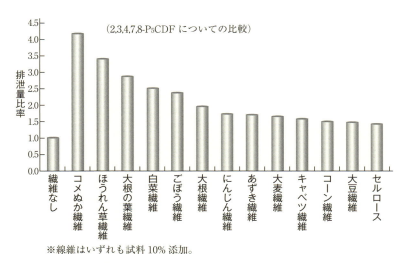

図8.2　食物繊維によるダイオキシン類排泄効果（足立, 1999 より）

特にコメぬかの繊維による排泄効果が高く、無繊維食に比べて4.2倍、ホウレンソウでは3.4倍も排泄する。葉緑素も高い排泄効果を示すことから、緑黄色野菜を多くとることも良いようである。

　食物繊維による除去作用はダイオキシンだけでなく、様々な汚染物質、例えば発がん性物質の除去効果のあることも知られている。ただし、野菜類は農薬汚染やダイオキシン汚染も多少あることから、よく洗浄し、表皮を剥く、外葉は除去、根菜のヒゲ根やヘタを除去したほうが表面についた農薬やダイオキシンを減らすことができる。

　ダイオキシン
（a）ダイオキシンの毒性
　ダイオキシンは、発がん性、催奇形性、内臓障害、免疫異常などをもたらす、史上最強の毒物と言われている。塩素の数と位置によって異性体があり、2個のベンゼン核を酸素で結合させた有機塩素系化合物で、水素と塩素の置き換わる数と位置によっていくつもの種類に分けられる。

ダイオキシンというのは正式名ではなく、ポリ塩化ジベンゾダイオキシンの略である。このような異性体が多く、性質は似ているが、毒性は大きく異なることから、毒性が最も強い２，３，７，８－四塩化ジベンゾ－パラ－ダイオキシン（２，３，７，８－ＴＣＤＤ）の毒性を基準値の１として、異性体の毒性の目安にして毒性等価（ＴＥＱ）で示すことになっている。

　学問的にはダイオキシン、ポリ塩化ジベンゾフラン、コプラナＰＣＢの３つをダイオキシン類と呼んでいる。いずれも毒性が強く、よく似た健康への影響や蓄積性が知られている。欧米では、コプラナＰＣＢもあわせてダイオキシンの許容量を決めており、汚染対策と安全性を考えるためには、我が国でも欧米同様の扱いが必要である。

　ダイオキシンの毒性は、動物実験などから精巣の萎縮、精子の減少、脾臓萎縮による免疫力の低下、子宮内膜症の発症の可能性、脳の発達障害、皮膚や肝臓での発がんの促進などが上げられている。コプラナＰＣＢもほぼ同様の作用があると言われている。

　ダイオキシンによる精子減少の可能性は、サル、マウス、モルモット、ニワトリなどの動物実験によると、精巣の萎縮、精子をつくる機能の低下などが現れるが、これは男性ホルモンをつくりだす機能の低下によると考えられている。ダイオキシンの環境ホルモン作用としては、女性ホルモンの分解や女性ホルモンの受容体を減少させるなどの性質があり、女性ホルモンの作用を抑えるような働き方をすると考えられている。

　前述のように除草剤の中の不純物として含まれたダイオキシン入り除草剤は日本でも全国的に使用され、水田除草剤、山林の下草除去に大量に使用された。林野庁は1970年代に入って２，４，５－Ｔの危険性を察知して全国の営林署に山林埋め立てを指示し、大量に林野に埋め立てている。また水田除草剤としての使用も含め農薬として散布された分があり、現在問題になっている廃棄物がらみで発生するダイオキシン以前の分も、すでに海底や河川の底泥として見つかっている。

(b) 子宮内膜症

　子宮内膜症は子宮内膜が子宮以外の部分に増殖したものであり、月経困難症、不妊症などを起こすことが知られている。ダイオキシンが原因で起きる子宮内膜症についての推測メカニズムは図8.3のようである。子宮内膜の細胞に黄体ホルモンと女性ホルモンが結合する受容体があるが、ダイオキシンはこの受容体に影響を及ぼす。特に女性ホルモンの受容体数を減少させ、その結果、相対的に黄体ホルモン作用が強く働いて、子宮内膜の細胞が感染を受けやすくなり、子宮内膜症を起こすと考えられている。

　また、子宮内には免疫細胞や分泌細胞も存在し、生理活性物質であるサイトカインが分泌される。ダイオキシンは免疫細胞や分泌細胞のサイトカイン分泌制御機能を狂わせて、サイトカインを過剰に分泌させて子宮内膜を感染しやすい状況にして内膜症を起こすとするメカニズムも考えられている。

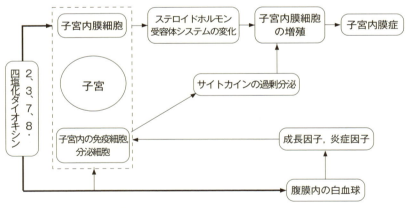

図8.3　子宮内膜症の発症機構の推定（宮田，1998より）

(c) 男性の生殖機能低下

　サル、マウス、ラット、モルモットなどの動物実験によると、2,3,7,8-四塩化ダイオキシンの投与によって、精巣の萎縮、精子を作る機能の低下、

精子数の減少、ペニスの縮小が起きる。これは男性ホルモンの合成機能の低下が主な原因であるが、比較的大量のダイオキシン投与で起きるとされている。ダイオキシン類は脳下垂体、視床下部に作用して黄体形成ホルモン（LH：女性ホルモンの一種）の分泌を阻害し、その結果、精子を作る機能や男性ホルモン合成機能が阻害される。

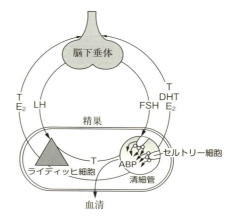

T：テストステロン　　ABP：男性ホルモン結合タンパク
E_2：エストラジオール　　DHT：ジヒドロテストステロン
FSH：卵胞刺激ホルモン　　LH：黄体形成ホルモン

表 8.4　精巣機能のフィードバック機能
（宮田, 1998 より）

通常、ホルモン作用はフィードバック作用がある。例えば男性ホルモンであるテストステロンが精巣で過剰に分泌されると、血中のテストステロンも多くなり、これを抑制するために女性ホルモンであるエストラジオールなどの働きが上昇する（図 8.4）。しかし、ダイオキシンが投与されると、男性ホルモンと女性ホルモンの間のフィードバック作用がうまく機能しなくなる。これはダイオキシンが女性ホルモン類似作用をしている結果と考えられている。

(d) 食品からの取り込み

ダイオキシンは食品からの取り込みが最も多いことが知られているが、特に日本人では魚介類からの摂取が 60% 以上と多く、その比率はドイツ、イギリス、カナダと比べて大きく異なる（表 8.6）。欧米人ではその代わり乳製品、肉・卵類の比率が高くなることがわかる。

日本で市販されている魚介類のダイオキシン濃度は魚の種類によって汚染濃度が異なり、外国産のものは比較的汚染濃度は低いようである。日本のものでは養殖ハマチや沿岸のマイワシで高い汚染が見られる。さらに見

表 8.6 食物経由の PCDD+PCDF の 1 日摂取量とその構成比（宮田，1998 より）

食事群	日本（大阪）		ドイツ		カナダ		イギリス	
	pgTEQ/日	%	pgTEQ/日	%	pgTEQ/日	%	pgTEQ/日	%
魚介類	105.0	60.0	33.9	26.0	17.0	12.2	7.7	6.2
乳製品	18.0	10.3	41.7	32.0	31.3	12.4	35.0	28.0
肉・卵類	17.5	10.0	39.0	29.9	61.0	43.7	42.9	34.4
緑黄色野菜	11.0	6.3	3.7	2.9	11.0	7.9	12.2	9.7
コメ	11.0	6.3						
砂糖・菓子	3.0	1.7						
油脂	2.9	1.7	0.6	0.5			19.0	15.2
野菜・海藻	2.4	1.4						
豆製品	1.2	0.7						
調理食品	0.7	0.4	3.9	3.0				
調味料・飲料	0.6	0.3						
果実	0.6	0.3	2.0	1.5	13.3	9.5	2.8	2.3
穀類	0.2	0.1	5.5	4.2	6.3	9.5	5.3	4.2
合計	175.0	100.0	130.0	100.0	140.0	100.0	125.0	100.0

ると、日本人の場合、どこのどの種類の魚介類をどれだけ食べるかによって取り込み量が違ってくることがわかる。

8.2.2 環境ホルモンの関連が疑われる問題

実験その他で明らかになったこと

出生前に高レベルのエストロゲンに暴露されたオスのラットは、前立腺内のアンドロゲン受容体が増加して男性ホルモンのアンドロゲンに対して敏感になる。その結果、成長後のエストロゲン暴露量がほんの少し増えただけで、前立腺内のアンドロゲン受容体数はさらに増加する。前立腺はアンドロゲンに対して常に過敏になり、前立腺が肥大化し長期間エストロゲンに暴露されると前立腺がんが誘発される。

バルト海のエストロゲン類似化学物質（ダイオキシンなど、北大西洋産のニシンの10倍も含まれていた）に汚染されたニシンを2年間与えたアザラシでは、生殖障害が確認されている。他方、汚染の少ないニシンを与え

たアザラシでは、そのような生殖障害は見られなかった。

男性に関係する生殖問題
①精子数の減少。この50年間で若者の精子が大幅に減少している可能性が指摘されている。
②精子数は若者ほど少なくなっている傾向を示しており、原因が胎児期の発育環境にあると考えられる。
③デンマークのスカケベック博士によると合成エストロゲン（合成女性ホルモン、ＤＥＳ）にさらされた男性では、精子数の低下や停留睾丸、尿道下裂、精巣の腫瘍などの増加傾向が見られる。
④エストロゲン類似作用は、合成女性ホルモン（ＤＥＳ）と無関係な有機塩素系化合物であるダイオキシン、ＤＤＴ、ＰＣＢでも起こることが明らかになった。
⑤さらにプラスチックや合成洗剤の一部、殺虫剤のノニルフェノールやビスフェノールＡにもエストロゲン類似作用のあることがわかってきた。
⑥エストロゲン類似物質は自然界での分解が少なく、脂肪に結合しやすいことから母体に蓄積し、母体の胎盤経由で胎児に伝わり、さらに母乳経由で子どもに移動・蓄積する。
⑦エストロゲン類似物質は女性ホルモン的働きをし、男性の体内に入るとアンドロゲン（男性ホルモン）の働きが抑えられる。その結果、精子のもとになる精母細胞に異常が起きて「精子の減少」、「精子の動きが悪くなる」、「奇形の精子になる」のではないかと言われている。
⑧殺虫剤のフェニトロチオン（商品名：「スミチオン」）にも男性ホルモン阻害物質が含まれることが明らかになっている。さらにこの農薬は、胎児期の男児死亡率上昇の原因が疑われている。
⑨フェニトロチオンは家庭用殺虫剤、給食用小麦、公園の樹木への散布、畳の防虫用や学校、乗り物の殺虫などで広く使われている。
⑩低レベルのダイオキシンやＰＣＢが母体と胎児の神経発達を妨げ、多動

症、学習障害、知的障害を起こす可能性がある。
⑪アスパルテーム（人工甘味料）投与のマウスでは、精子が大幅減少することが明らかになった、しかもその濃度は、動物に影響がないと言われる濃度の1/1000で起きた。またアスパルテームを投与したマウスの実験では、白血病やリンパ腫、脳腫瘍が起きている。
⑫最近、合成界面活性剤のシャンプーやボデイソープの使用者が圧倒的であるが、男性にも女性にもマイナスの影響が懸念されている。男性では、合成界面活性剤によって精巣の委縮、精子の減少の問題が心配される。女性では強い浸透性から乳房や子宮の脂肪に蓄積して乳がんや子宮の病気を起こす懸念が指摘される。実際、若い女性の婦人病の増加傾向が見られている。
⑬人工甘味料として安全性が議論になったアセスルファムKおよびアスパルテームは、現在我が国で340以上の食品や飲料で使われており、誰でも口にしたことのある添加物である。1983年に国内で使用が許可され、清涼飲料水やダイエット甘味料、ガム、乳酸菌飲料などに使われるようになった。アメリカではアスパルテームは脳腫瘍を起こす可能性が問題になってきた。イタリアでの実験ではラットに白血病やリンパ腫の発生が見られ、投与量が多いほど発生率が高くなった。さらに日本で実施されたラットの実験では、精子の活動性の低下などの障害が出ている。しかも、動物に影響がないとされる濃度レベルの1/1000の量で精子の障害が起きているのである。このようにリスクのある人工甘味料の使用を放置する価値があるのか疑問である。しかし、アスパルテームは日本では使用禁止されていない。このような問題点のあるものは極力避けるなど、自主的な対応が必要である。危険性を知った上で、それでもこの商品を選ぶのか選ばないのか、決めるのはそれぞれの消費者である。

男性の性欲減退やＥＤ増加の原因
男性の性欲減退やＥＤ（勃起不全）が増加していると言われている。そ

の原因として、男性ホルモンであるテストステロンの減少があり、環境ホルモンが関係していることがあげられる。精子数の減少や奇形、EDの原因が疑われる物質は多数の化学物質やタバコ、畜産で使われている餌に混ぜて与えている成長ホルモン剤がある。ホルモン剤は「肉牛を早く肥育する、鶏卵を多く産ませる」などのためにアメリカで多く使用されている。TPPがらみでこれまで以上に多量に入ってくることが心配される。

　WHO（世界保健機構）の示す精子数の正常値は、1 mℓ中5000万匹であったのが、最近2000万匹に引き下げられた。世界的な若い男性の精子数の減少傾向にあわせたものである。2000万匹を下回る場合、妊娠の確率の低下や不妊が起きる。「精子の数は健康の指標だ」とフランスの公衆衛生監視研究所の疫学者ジョエル・ルモアル氏、この考え方への賛同者も少なくない。精子数の減少は、人間だけでなく動物でも起きていることがWHO（世界保健機構）の調査で明らかになり、わずか半世紀で50％も減少していると報告された。

男性の健康増進に良いと言われる食べ物

① 小エビやカキには亜鉛が含まれており、青菜は葉酸が豊富に含まれているため、精子を生成する能力が向上することが期待される。

② オートミールは、テストステロン（男性ホルモン）を放出するようになり、性欲が増すと考えられる。さらに効果が得たい場合はハチミツを加えると良いと言われる。

③ ほうれん草はマグネシウムが豊富に含まれていて、血管を拡張する効果がある。血流が良くなると下半身の機能も良くなる。

④ 1日2000 mgのビタミンCを摂取すると精子の数や精子の運動性が良くなるとの報告もある。

⑤ ハチミツに含まれるビタミンBはテストステロンの生成を支援する。またエストロゲンの作用を支援することでさらに効果が高まる。

⑥ ブルーベリーの水溶性繊維がコレステロールを取り除くことと、さらに

精力増加効果も期待される。

8.3 廃棄物焼却処理の発想を克服し、ゼロ・ウェスト実現を目指す時代である

ゴミ問題は環境問題であり、資源・エネルギーの問題でもあると言われている。多くの日本人は、「現在の環境問題で何が課題か」と聞かれると「廃棄物問題と地球温暖化」と答えるとのことである。日本の廃棄物政策の焼却主義は温暖化問題を助長することになる。

出たゴミを減らすのではなくゴミが出ないようにする時代である。つまり「川下対策」から「川上対策」への転換をはかる時期なのである。江戸時代の生活にもどる必要は全くなく、すでに環境先進国と言われるドイツ、デンマークなどでは何ら不便な生活を強いられていない。

世界の環境先進国では、焼却炉から発生するダイオキシンや重金属を含めた有害物質による健康被害を懸念して、焼却炉の建設に歯止めがかかっている。しかし日本では、ダイオキシン問題は焼却炉の改善と次世代型・高温ガス化溶融炉で解決できるとして、新たな焼却炉に多額の税金を投入した。その結果、循環型社会構築のチャンスを逃し、これから約20年は焼却主義がさらに継続することになっている。

8.3.1 焼却主義と問題点

廃棄物の中間処理施設は、国のダイオキシン対策政策のもとに、高温ガス化溶融炉とゴミ固形化燃料（RDF）施設にシフトした。しかしこの流れには多くの課題のあることが明らかになった。

その1つは、技術的にいまだ未熟で不明な点が多く、安全性の面でいくつかの懸念がある。2つ目には、1つ目との関連と高温焼却のために部品交換が頻繁であり、消耗品の使用額、点検・修理とランニングコストが著しく高く、経済的に大きな負担になることである。3つ目として、いずれの施設も24時間連続稼働のためゴミの減少は困るという、循環型社会に逆

行した、おかしな構造であることがあげられる。

　焼却による安易な廃棄物処理をメインにしている限り、産業界がゴミにならない製品・商品を生産し、消費者がそのような商品を購入しようとする、強い動機付け、必要性が育たない。時代に逆行した焼却主義は、二酸化炭素削減が求められる時期に、廃棄物発電によるエネルギー回収という名目で、安易に資源もエネルギーも浪費し、日本の経済発展にも大きな禍根を残すことになっている。

　これからの循環型社会構築のあり方と方向性はいかにあるべきかを考えるとき、参考になる見解として、ようやく世界的に「焼却は経済的にも、健康面でも安くない」との評価が出てきた。焼却炉から発生する有害物質は著しく多く、ダイオキシンはその１つに過ぎないことが明らかになっているが、多くの人はその実態を知らないし、焼却炉メーカーでさえも把握できていないし、把握する気もないのが現状であろう。

　廃棄物の減量化について、日本と同様に焼却主義を推進してきたイギリスの対応の仕方を見ると以下のようである。これまでの焼却主義の考え方と、それを否定する考え方が出てきている。

①「焼却炉は安全だ」とする間違った考え。
②「焼却によるエネルギー回収（ゴミ発電）は二酸化炭素の削減にプラスだ」とする間違い。
③「焼却が経済的にも環境的にまた経済的にも好ましい」とは言えない。

　これまでイギリスでも、これら３つの評価を前面に出して焼却を推進してきた。しかし、リサイクルと生ゴミによる堆肥づくりは、廃棄物発電よりも環境負荷が小さいし、トータルに見ると焼却はコストが高いことを認識したのである。

　ところが日本の場合、都市部では生ごみ対策に対して「堆肥をつくっても持って行き場がない」、「市民に分別の協力をしてもらえない」と努力もせずにこのような発言で実行しないケースが少なくない。しかし、リサイクルのための分別は、どこでもそれなりに協力が得られ、成り立っている。

また都市でも公園緑地は少なくないことから、堆肥はそれなりに処理できると思われる。またすべてを堆肥にしなくても、バイオガス化も含むバイオマス利用という選択肢もあるのである。

8.3.2 イギリスおよび米国カリフォルニアでゴミ焼却に逆風

イギリスでは、最近ゴミ焼却炉からの有害物質の排出問題と焼却灰による環境汚染が問題となり、焼却への考えが否定され出している。また米国サンフランシスコでもゴミの減量化のために、焼却や埋め立ての前に発生抑制、再使用、再生利用（堆肥化も含めて）の義務化が強調されるようになってきた。

これまで埋め立て・焼却による環境汚染（有害重金属・ダイオキシン、酸性ガスなど）が原因の健康被害・環境被害に対しての費用計算がされていないことが、安く処理できる理由であり、この被害を費用に入れるべきであるとの見解が出された。ゴミの焼却による健康被害・環境被害を焼却コストに含めると焼却が必ずしも安上がりな処理方法ではないことが明らかにされたのである。このような視点を廃棄物処理において考慮すると、安全で合理的な処理方法は、ゴミを発生段階でいかに減量するかが大きな意味をもつことが明らかになった。

8.3.3 焼却主義と健康被害

日本の中でもゴミの焼却場や最終処分場が、環境汚染の大きな要因であることは明らかであり、これらの施設周辺でがんによる死亡率が増加していると言われている。例えば、茨城県新利根村（現稲敷市）の清掃工場周辺で半径1.1 km以内でのがん死亡率が高いとの報告がある。あるいは東京都日の出町最終処分場の風下にあたる集落でのがん死亡率は、日の出町全体の平均値に比べて10倍も高いと言われている。「因果関係が証明されていないから、問題ない」と言えるのかという状況である。このような問題に対して、国は広範囲な疫学調査を行なって安全性を確認すべきであるが、

現実では原発周辺と同様放置していると言えよう。

　全国各地でもゴミ焼却炉周辺で高濃度なダイオキシン類の排出についての報告があり、その排ガスを長年吸い続けてきた住民の中から健康被害の訴えがある（「環境ホルモン――文明・社会・生命」2004）。

　英国ノースロンドンにある英国最大の焼却施設の混合飛灰がイーストロンドンで野積みされてきた。この灰の分析結果によると、ダイオキシン類が 1 kg 当たり 241 ～ 946 ng（ナノグラム）と、ドイツの子ども用公共・遊び場の基準 50 ng を大きく超えていたことが明らかになった。また同じく英国ニューキャスル焼却場の焼却灰の埋立て場における 44 地点のサンプリング検査では、9500 ng とさらに高レベルの汚染が見つかった。この検査では 1 kg 当たり 331㎎以上の鉛汚染も見つかっており、汚染のために周辺の農園 19 カ所が閉鎖された。

　焼却に対して何の問題意識も反省もなく、「ガス化溶融炉にすれば、ＲＤＦにすればダイオキシン問題は解決する」という安易な発想では、また新たな汚染物質問題が出てくるだけである。ゴミの資源化として、焼却エネルギーを使って発電するサーマルリサイクル（熱回収）ばかりに力を入れ、本来進めるべきマテリアルリサイクル（再生利用）をやらないのは、なぜなのか。

　これに対してドイツでは、焼却による熱利用には 1 kg 当たり 1.1 万 kJ（キロジュール）以上の熱回収、熱効率 75％以上と厳しい技術的条件を付けて、安易な熱回収をやらせないことから、事実上サーマルリサイクルはほとんどやられていない。

8.3.4　焼却主義が止まらない理由

　環境問題の視点からゴミを見たときに、焼却するより削減・再利用・再資源化・堆肥化が良いことは明確である。しかし、焼却炉に頼るゴミ政策がいまだに中心であり、変えようとしない背景には「原発村」同様に「ゴミ村」が存在し、焼却炉メーカーと自治体、官僚たちの天下り先、政治家

の口利きが成り立っていることがある。

　ダイオキシン問題がありドイツでは大幅ゴミ削減の努力がなされたが、日本では高温焼却炉の導入という、とてつもない利権がらみの対策を行なった。ドイツでもゴミを少しは焼却しているが、ダイオキシン対策として、燃やすとダイオキシンが発生する可能性のある「プラスチックと生ゴミ」は燃やさない方法で解決した。

　日本の焼却炉は世界的に見て高価であり、ゴミの焼却能力1t当たりの建設費1億円の時代が続き、現在は5000万円くらいになっている。環境総合研究所の青山貞一（2004）によると、これでも世界の価格からみればとんでもなく高く、同じ日本のメーカーが輸出するときの価格は、日本価格の1/3（1196〜2093万円で平均1660万円）と大きな違いがある（表8.7）。

　現在、新焼却炉建設は少なくなっており、この焼却炉メーカーの窮状を救済するためか、環境省は2009〜2014年の間は焼却炉新設に対して、循環型社会形成推進交付金としてそれまで1/3であった建設補助金を1/2まで増やす方針を出した。これは焼却炉メーカーにとっては、まさに特需と言えよう。さらに新設の焼却炉は、いずれもDBO方式をとっていて、建

表8.7　世界各国の焼却炉建設費の比較（青山，2004より）　（単位：万円／t）

国　名	建設地	炉形式	メーカー名	建設費
台　湾	台北縣	ストーカ炉	三菱重工	1,939
台　湾	台北市	ストーカ炉	タクマ	1,574
台　湾	台北市	ストーカ炉	日本鋼管	2,093
シンガポール	セノコ	ストーカ炉	三菱重工	1,196
インドネシア	東ジャワ	ストーカ炉	Gadoux Inc.	1,345
韓　国	富　川		日立造船	2,055
米　国		ストーカ炉		1,500
英　国	東ロンドン			1,581
日　本	江東区	タクマ式	タクマ等	4,743
日　本	港　区	マルチン	三菱重工	4,979
日　本	埼玉東部	ストーカ炉	日立造船等	5,043

出典：プランド研究所，「各国焼却炉コスト比較調査」より抜粋

設と焼却管理がセットで得られる、焼却炉メーカーにとって願ってもない契約になっているのである。

久留米市はＤＢＯについて以下のように説明している。

「ＤＢＯ方式（Design Build Operate）とは、民間事業者が施設を設計（Design）、建設（Build）し、契約期間にわたり管理・運営（Operate）を行っていく方式です。そのために要する資金調達は公共が行い、施設も公共が所有します。また、業者選定にあたっては、施設建設時に、建設と運営業務についての提案を求め、総合評価方式等により最も優れた業者を選び、設計・建設、運転管理、保守・整備の業務を一括発注します」

自治体が一斉に丸投げ方式のＤＢＯ方式になったのはなぜか？　焼却炉メーカーの願いどおりになっていることの背景があるはずであるが、公式には不明である。「中央からの神の声に操られているようである」とも言われているが、「ゴミ村」があるなら頷けることである。

このようなことから、世界の焼却炉の2/3が日本にあり、断トツの世界一で、アメリカと比べても３倍以上もあるのである。

このような癒着構造から、日本の環境省と自治体はゴミ問題の根本解決など考えておらず、国民を納得させる理由をいろいろ考えて高価な焼却炉のおこぼれを得ているのである。その結果、ごみ削減に効果的な「生ごみの堆肥化やプラスチックの資源化、古紙を燃やさない」など簡単に削減できる方法は極力やらない。それらを燃やしてゴミ発電でエネルギー回収することを「リサイクル」として、一気にリサイクル率が80％台に上がったが、ゴミは減っていないのである。ゴミが減ったら利権が減るのであるから当然のことである。

8.3.5　日本のゴミ政策は転換が必要

生ゴミとプラスチックを燃やさない

出たゴミを減らすのではなく、ゴミが出ないようにする時代、つまり「川下対策」から「川上対策」への転換をはかる時期にきている。だからとい

って江戸時代の生活にもどる必要はない。少し生活スタイル（ライフスタイル）の見直しをすればよいのである。

　生ゴミのとてつもない量
　日本で生産する農産物の総価格と同額の生ゴミを捨てている生活の見直しが必要である。
　食品の買い過ぎに注意すること。食品の買い物は「満腹時に行くこと」と言われる。また、セールにつられて買わないこと。安いからと買っても賞味期限切れで捨てるものが多いようである。
　①家族が少ない人は、パック食品に注意すること、単価は安いが半分捨てることになることを考える必要がある。
　②節約・倹約と、モノを大事にする生活に転換すること。買い物袋やお茶・コーヒーの持参もその一歩（自販機は使わない）である。
　③リサイクルショップやガレージセールを楽しみながら積極的な利用をする生活が求められる。
　④壊れにくい製品を買って大事に使うこと。
　⑤お中元やお歳暮の食品は注意。高級品でも早く処理しないとゴミになる。不用なら喜んで使ってくれる人に早く回す。「あなたのゴミは他人の有用品」でもある。
　⑥贈答用の洗剤、調味料、食べ物は相手によってゴミのプレゼントになるので注意する。地域のバザーなどに早く出すように心掛ける必要がある。

　ゴミを減らす努力は個人では限界
　リサイクルはいくら頑張っても減量割合は最大で 20 〜 25％くらいである。リサイクルしかやらない日本の政策では、これ以上のゴミ減量にならない。政策的・経済的手法を入れた徹底した循環政策が必要である。
　廃棄物の責任を企業に負わせない政策は前近代的であり、間違った企業

保護である。世界の先進国に遅れをとることに繋がり、不景気がますます長引くことになる。

8.4 都市鉱山の開発

　日本は資源の少ない国であると常識のように考えられているが、視点を変えれば、ないと思われている希少金属が大量に都市部に存在する。家電製品やＩＴ製品には、貴金属や希少金属（レアメタル）が含まれている。これらの廃棄物を積極的に「採掘可能な資源」と考えると、都市は鉱山とみなすことができる。都市部から廃棄される大量の家電や次々とモデルチェンジされて出てくるＩＴ製品の廃棄物を、リサイクルして貴金属やレアメタルを取り出せる鉱山とみなせる。

　原田幸明・醍醐市朗によると、日本国内の都市鉱山に蓄積されている金属の量は、世界有数の資源国に匹敵する規模の「埋蔵量」になる。例えば都市鉱山にある金は世界の鉱山の埋蔵量の約16％の6800ｔであり、銀は22％で6万ｔ、インジウム16％やタンタル10％は世界の確認埋蔵量の1割以上と、金属類が多数ある。

　都市鉱山の採掘が限られているのは、採算性である。小型家電には多種類のレアメタルがごく少し含まれるが、選別に手間がかかりコストがかかることから、技術的には取り出せてもリサイクルされていない。この都市鉱山の資源は、廃棄物処理とセットにされて安く海外に輸出され、現地で環境を汚染しながら取り出されているのが現状である。

　その例として、中国のある村では、農業から廃棄家電の電子ゴミの解体を生業とするようになり、収入は大きく伸びた。しかし、鉛中毒の子どもが多発する被害が発生し、河川や地下水汚染も起きている。廃家電には重金属やＰＣＢが含まれ、本来有価物の回収と一緒に有害物質の隔離や分解もする必要がある。ところが途上国の一部では、素手で解体し、金、銀、銅などの金目のものを取り、あとは周囲の環境に放置したり野焼きするな

どにより汚染が起きて問題になっているのである。

　先進国や新興国から廃家電、電子機器廃棄物が不適切な形で途上国に輸出され、現地では上記のような不衛生な金属回収が行なわれ、環境汚染や健康被害が起きているのである。本来なら有害物質を含む廃棄物は、バーゼル条約により規制されており、当事国の許可がない限り違法である。しかし、取り締まりの不備や、壊れているのに「中古家電」として輸出している場合もあり、このような問題が起きているのである。

　日本の家電大手量販店でリサイクル料金を取って回収している廃家電がタイなどに持ち込まれ、実際に修理して販売されて利用された例もあり、問題になった。

　物質・材料研究機構によると「都市鉱山開発」には以下のような問題点があると指摘されている。

都市鉱山開発の4つの壁とその解決

　天然資源に乏しい日本にとって都市鉱山開発は大きな可能性を持ち、世界的に厳しい経済情勢の中、ますます重要な課題になってきている。使用済み携帯電話や小型電子機器を回収し、そこから希少金属を取り出そうという取り組みが、一部の業界団体や自治体によって開始されているが、以下の4つの「壁」が立ちはだかる。

①分散の壁（希薄分散型発生源対策）：携帯電話機をはじめ多くの小型電子機器が個々の消費者の手元に分散して存在しており、それらを効果的に集めなければ、リサイクルのプロセスにかけるのが難しいという問題である。人為的システムによる回収、濃縮、蓄積が必要である。または、量を集めなくても処理できる技術が必要である。

②廃棄物の壁（都市鉱石型廃棄物の問題）：小型電子機器がいかに希少金属を含んでいても、多くの部分はプラスチック等であり、希少金属だけでなく、それらの有効利用の場も考えなければならないという問題がある。多くの人工物質を含有しているので解体分離が必要である。このこ

とが濃縮・蓄積を困難にしている一因である。
③コストの壁（解体、分離、選別、抽出が必要）：携帯電話でさえ1台100円程度の希少金属しか含まれておらず、それより低い処理コストでこれらの希少金属を回収しなければならないという問題がある。「人による認識」に勝る安価な技術の確立が望まれるのである。
④時代の壁（20世紀型リサイクルからの脱却が必要）：加工屑ベースのリサイクルの限界。資源回収を前提とする容易な解体設計が不可欠である。

物質・材料研究機構特命研究員の原田幸明はレアメタルの回収について次のように提案している。レアメタルが1kgなくなると、製品にとってどれくらいのダメージになるのかということを認識して、「自治体、行政、レアメタルで恩恵を受けている産業界」が連携協力して、金属の価格変動にも耐えられるような持続性の高い強固なリサイクルシステムを構築する必要がある。

ちなみにレアメタルの一種インジウムの場合、1kgでノートパソコン1100台、携帯電話なら71万台になり、コバルト1kgではノートパソコン3700台、デジカメ20万台と様々な製品にレアメタルが使われているのである。このことは回収するにはそれだけの製品を集める必要があるのであり、市民のもったいない精神だけでは無理なのである。

原田幸明は、すでにそのような取り組みをしているモデルを紹介している。大阪大学で開発された希土類のセリアのリサイクルでは、リサイクルしたセリアを市場にゆだねるのではなく、研磨剤メーカーとそのユーザーである精密ガラス研磨業へと還流するルートをつくっているのである。この研磨剤メーカーのようにサプライチェーンと結びついた仲介業の参入の機会を増やすべきだと提案している。

第9章　放射能汚染とその他の汚染

9.1　放射能汚染とその他の汚染の違い

9.1.1　放射能は化学分解しない

　公害を起こした原因物質は、水銀、カドミウム及び硫黄酸化物や窒素酸化物などの大気汚染物質であり、これらの物質は工業生産活動などで発生する化学物質である。化学物質は、近くにいても体内に取り込まなければ影響がない。これに対して放射性物質は、体内に取り込まなくても、放射線を外から浴びただけでもヒトを含む生物に影響を及ぼす点で大きく異なる。

　公害の原因物質は、排出源や流出経路を明らかにして、サンプリングし分析し調査しないと汚染状態はわからない。一方で放射性物質は、放射線を出すことから、線量計があればどの方向からどれくらい強い放射線が来るか場所も推定可能である。

　また、放射能は化学分解して無害化することはできず、半減期を待つだけである。

　放射線

　放射線は、目に見えない光、あるいは非常に速く進む微小な粒子と考えることができる。モノをつくる基本要素である原子の中心にある原子核から飛び出してくる。原子核は安定した状態のものと、不安定で常に別のものに変わろうとするものがある。不安定なものは、別なものに変わる途中で粒子や光のようなものを放出する。これが放射線である。

　放射線を出す物質を放射性物質という。放射線を出す能力をもつ物質が放射能（放射性物質）である。放射性物質のことを放射能と呼ぶことがあ

り、放射線を出す能力をもつもの（物質）のことである。電球を放射性物質（放射能）にたとえて、その光を放射線と考えるとわかりやすい。

　放射線にはアルファ線、ベータ線、ガンマ線、中性子線、X線などの種類があり、それぞれの性質は異なる（図9.1）。これらの線が衝突した（ぶつかった）ときに、その物質や周辺の物質の性質を変える力をもっている。図に示すように透過力は様々である。ヘリウムから出るアルファ線は数センチしか飛ばず、紙1枚でストップする。ベータ線も体の中では2 cmも進めず、金属板で止まる。ガンマ線は厚さ20～30 cmのコンクリートの壁でもかなり透過する。中性子はほとんど弱くならずに透過する。もちろん体も透過する。

　ガンマ線は電磁波であり、光によく似た性質を持つ。

　また放射性物質は種類によって寿命（半減期）が大きく異なり、短いヨウ素131は8日、セシウム137は30年、ウラン238は45億年と、とてつもなく長い。

　中性子線は陽子とともに原子核を構成している中性子の束である。中性子線は、ウランの核分裂を利用する原爆の爆発や、運転中の原子力発電所の炉内で大量に発生する。核分裂の連鎖反応が起きた状態を「臨界」と呼

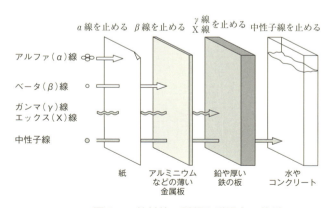

図9.1　放射線の種類と透過力の比較
（「原子力・エネルギー」図面集2004 − 2005，日本原子力文化振興財団）

第9章　放射能汚染とその他の汚染　209

ぶ。臨界になると大量に中性子線が放出され、壁を突き抜けて周囲に放射される。茨城県東海村の核燃料加工施設で起きたJCO臨界事故（1999年）は、現在でもアルファ線、ベータ線を出し続けており、危険で今でも近寄れない。

　自然界の放射線

　自然界の放射線としてカリウム40、トリウム、ウランなどの放射性物質があり、土壌中や野菜などの食物にも一定量含まれている。また宇宙からも宇宙線が降りそそいでいる。日常生活の中で環境から1年間に2.4ミリシーベルト（mSv）くらい浴びているが、これは健康を害するような量ではないとされている。シーベルトは組織に吸収される放射線の量を示す単位であり、その影響を知る尺度である。1年間に普通のヒトが浴びても問題ないとしている線量は自然放射線に加えて1mSvまでとなっている。

9.1.2　放射性物質の取り込み

　放射性物質は核種ごとに異なる半減期をもち、放射線を出しながら崩壊してゆく。この放射された放射線は、離れていても影響することから、他の公害汚染物質とは異なり、やっかいである。

　大気中に放出された放射性物質は、微粒子として飛散しながら花粉や粉じんと同様に体内に取り込まれる。また微粒放射性物質は、地上に落下し地表の浅い所に留まったり、雨水とともに地下に浸透し放射線を出し続ける。放射性汚染物質で汚染された水は、河川や湖沼へ放流されると水道水や農作物、魚介類の汚染につながる。海水中の放射性汚染物質は、沈殿して海底に放射線汚染ヘドロとして堆積する。この「放射線汚染ヘドロ」由来でプランクトンや小エビ、小魚へと蓄積して生物濃縮され、これを食べる我々は内部被ばくすることになる。

　我々が放射能を取り込む経路は、食物の摂取や汚染水飲用、呼吸、肌からの吸収などが主である。放射性物質を扱うときは防護服や手袋、特別な

衣服などを着用し、終了後は廃棄することなどが徹底されている。しかし、原発事故現場での作業員がこのようなことをきちんとやっているのかは疑問である。大きな汚染事故の後では、内部被ばくにつながる可能性のあるすべての経路を考慮すべきである。

9.1.3 放射線のリスク

放射線被ばく

動物の体は多くの細胞からできていて、細胞は細胞分裂を繰り返している。ところが細胞は、一度に大量の放射線被ばくを受けると、死亡するか、細胞分裂の遅延が起きる。このために、細胞分裂が活発な組織である骨髄、生殖腺、腸管、皮膚などが短時間に大量の放射線（数百ミリシーベルト〔mSv〕以上）を受けた場合、数週間以内に障害が起きることになる。

また低線量でも長期間一定量の放射線を受けることで、造血器官などの細胞中のDNAなどの遺伝物質が損傷を受け、修復機能が追いつかずに、がんや白血病になることもある。原爆被爆者の生存者調査によると、100 mSvの被ばくにより、がんによる生涯死亡リスクが0.5％増加するとされている。がんや白血病などの発症や発症時期は個人差が大きいが、放射線の影響は大人よりも細胞分裂が活発な乳幼児・子ども・妊産婦（胎児）のほうが2〜3倍受けやすいと言われている。このため日本産婦人科学会は、米国産婦人科学会と同じ立場をとり、胎児に悪影響が出るのは胎児被ばく量が50 mSv以上の場合であるとしている。

放射線による致死線量を見ると、5％致死線量（被爆者の20人に1人が死亡する）は2 Sv（2000 mSv）、50％致死線量は4 Sv、さらに100％致死線量は7 Svと言われている。一方で200 mSv以下の被ばくは、急性の症状（急性放射線症）は認められないとしている。

1970年代初め、市川定夫博士〔埼玉大学名誉教授〕、遺伝学）やアメリカのブルックヘブン国立研究所のスパロー・グループが、ムラサキツユクサの雄しべの毛を用いた実験で、「放射線量がどんなに微量でも、それに比

例して突然変異が起こる」ことを証明した。

　日本の政府は、放射能は塩のようなもので、「薄まれば薄まるほど味が薄くなり、ついには味が無くなる（塩の場合は塩味）」という考えを吹聴し続けており、放射線も「被害が無くなる」と言いたいのである。しかし放射線は生物濃縮があり、半減期が長いものもあることから、短期的には被害が出なくても、薄めれば環境中に捨てても良いということにならない。ところが政府は、薄めて汚染水を海に放流しようとし、すでに大量に流出が起きている。また福島のがれきを日本中で処理しようという無責任なやり方は、こういう考えが元になっているのである。

　広島、長崎で被爆した人の追跡調査では、50 mSv以下の低線量被ばくでも発がんによる死亡増加を示唆する研究結果がある。100 mSv以下は安全だとする説は、ここ数年でほぼ間違いだとされるようになっているが、御用学者は安全と主張している。

　医師の近藤誠は、「発がんバケツ」という考え方で問題点を指摘している。各個人が容量に差のある発がんバケツを持っていて、放射線だけでなく、タバコや農薬など、いろんな発がん物質があるが、それがだんだん蓄積していく。バケツがいっぱいになってあふれると、がんにかかると考えるとわかり易い。

チェルノブイリ原発事故による被ばく被害の真実

　ベラルーシの病理解剖学者バンダジェフスキー（Yury Bandazhevsky）は、「放射性セシウム体内取り込み症候群」を発見した。このことによって、血液循環系、生殖系、免疫系などが障害を受けること、さらに脳や心臓に蓄積して、急性死や精神活動を乱すこと（バンダジェフスキー、2011）。特に妊婦の場合は、胎盤にセシウムが蓄積することから胎児が被ばくし、その影響が生まれた本人の将来の健康のみならず、遺伝的な影響が世代を越えて伝達され維持継続すること。このことは、人類の将来にとってきわめて重大な問題になっていることが警告されている（綿貫、2012）。

放射線被ばくによって、白内障や高血圧などの老化現象が大人だけでなく子どもにまで顕在化し、それに関連したさまざまな病気が発生することが示されている。放射線の与える影響として、放射線によって生じた活性酸素が細胞脂質を酸化し、破壊し、生体の代謝機能を低下させるという機構の解明などの研究が進んでいることが報告されている。

　放射性物質による汚染の被害は、がんだけでなく、さまざまな病気や健康被害・健康破壊を引き起こし、それが次世代・将来の世代にまで強められて継続するという恐ろしい真実が現実の観測に基づいて示されている。福島第一原発からセシウムだけでも1時間当たり300万～1000万ベクレル（1日7000万～2億4000万ベクレル）が放出されている事実は知らされていない（東電、2012年9月発表）。このままでは我が国の被害はチェルノブイリの後を追い、より拡大した被害が出かねない。なにしろ福島では避難命令はごく一部であり、形式的な除染で避難解除が着々と進められているのであるから。

「確率的影響」と「しきい値」

　政府が安全とする根拠の1つは、「確率的影響」についても「しきい値」があり、被ばく量が少なければ悪影響はないという主張である。しかし、広島・長崎原爆被爆者データや、これまでに行なわれた数多くの動植物実験は、確認できるかぎり微量な放射線のレベルまで確率的影響の存在を示している。確認できるかぎりのすべての事実が、しきい値の存在を否定しているのであり、そうであるからこそ、放射線防護の基本的立場として、どんなに低線量の被ばくであっても有害であると考えることになってきたのである。

　また、人間に対する低線量被ばくのデータは無いかのように主張されることもあるが、それも正しくない。人間の被ばく影響を示す最大のデータは、不幸なことではあるが広島・長崎原爆被爆者についてのデータである。すでに被爆後半世紀を越えたが、被爆者に対する追跡調査は連綿と続けら

れてきた。その最新のデータを解析した結果は、0.01Svという低い被ばく量でも被爆者のがん発生が増加していることを示し、解析を行なった研究者は以下のように述べている。

「原爆被爆者は、一般に高線量データと見なされているが、低線量被爆者を含む広範な線量分布は線量反応曲線の形の研究に有効であり、低線量レベルのリスクについても十分な知見を提供するものである」（馬淵晴彦、1997）

放射線障害の治療

放射線を大量に浴びた場合、骨髄移植などが治療の最後の手段になる。「外部被ばく」を受けた場合、線量が大きいほど健康影響リスクは高くなる。強い被ばくで急性症状が出た場合、対処療法での治療になる。免疫力が低下するので、患者を無菌室に入れ、抗生物質で体内の細菌類を退治する。骨髄の造血幹細胞が破壊された場合、他人の造血幹細胞を入れる治療が必要になる。骨髄のほかに、臍の緒や胎盤の血液中に多くある。他人から骨髄をもらうのは骨髄移植、臍の緒の血液の場合は臍帯血移植、血液から取り出した幹細胞の場合は末梢血管細胞移植という。

放射能に汚染された食べ物による「内部被ばく」の場合は、放射性物質が吸着される薬を飲ませて排出させる。胃腸を洗浄する方法もあるが、これはあまり効かない。体内の放射線は排泄により少しずつ体外に出る。

空中に飛翔する放射性物質が体に付着したものは、シャワーで洗い流す。服は洗濯する。軽い被ばくではこの程度でも効果がある。

食べものの汚染と内部被ばく

福島原発事故の後、日本の放射性物質の暫定規制値が示されたが、この規制値では年齢による違いは考慮されていない。チエルノブイリの事故では、明らかに乳幼児や子ども達に放射能の影響が強く現れたことから、感受性の高い子どもに対する配慮が必要である。

表9.1 飲みもの、食べものに含まれる放射性物質の許容基準値の比較
(CODEX, FAO, WHO 共同の合同食品規格委員会)

飲みものの基準値	(単位 Bq/L)	食べものの基準値	(単位 Bq/L)
アメリカの法令基準	0.11	ウクライナ（パン）セシウム	20
ドイツガス水道協会	0.5	ベラルーシ（子供）	37
ウクライナ（セシウム137）	2	ウクライナ（野菜）セシウム	40
WHO基準（ヨウ素131）	10	コーデックス（Sr90, Ru106, I131, U235の合計）	100
WHO基準（セシウム137）	10		
ベラルーシ	10	アメリカの法令基準	170
国際法 原発の排水基準値		これまでの日本の輸入品規制値	370
ヨウ素131	40	日本の基準値（乳児・乳製品）セシウム	50
セシウム137	90		
日本の基準値（牛乳）セシウム	50	日本の基準値セシウム	100
日本の基準値セシウム	10	日本の基準値ヨウ素（I-131）	2000
日本の基準値ヨウ素（I-131）	300		

また、ここ（表9.1）で示された基準値は、飲料水と食品のみに適用されるものであり、これに加えて呼気、大気からの外部被ばくも含め全体の被ばく量との関係が検討されていないことも問題である。

厚生労働省や食品安全委員会の考えの根拠は、国連放射線影響委員会（UNSCERA）の報告書である。しかし、この委員会の考え方は基本的に100 mSv以下の被ばくは影響なしと考えている。さらに食品や水からの内部被ばくに対しても影響を低く見積もっているという問題がある。

低線量被ばくについては、チェルノブイリ原発事故や広島・長崎の被爆者でも明確に健康影響が認められている事実がある。

放射能汚染から身を守る食生活

チェルノブイリ原発事故では、子どもの栄養状態、特にヨウ素欠乏では甲状腺がんの発生率が数倍高くなったとの報告がある。食事は放射能汚染の無い食品を選ぶと同時に、栄養バランスのとれたものにすることが重要である。また特に食物繊維を沢山摂ることが重要であり、野菜と果物が効

果的である。その他に穀類、いも類、豆類、キノコ類、海藻類などが良い食事のモデルになる。

野菜・果物・その他の効用
　野菜・果物には食物繊維以外にも様々な成分が含まれ、さらにビタミンやミネラルも含まれることから、体調を整えてくれる。
　ミネラルの1種にカリウムがあるが、放射性セシウムとよく似た性質を持っている。カリウムは全身の細胞に含まれることから、カリウムが食物や体内に十分にあると、腸管からのセシウムの吸収を抑えてくれる。またカリウムで放射性セシウムも追い払うことができるのである。
　この新鮮な野菜・果物の効用は、がんのリスクを下げることもできる。野菜や果物には抗酸化成分が含まれ、細胞の遺伝子のキズを修復して少なくするように働くことから、より多くの新鮮な食物繊維を摂ることが望ましい。このことは化学汚染物質による食品汚染物、発がん物質の除去にも効果があることから積極的に摂るようにしたいものである。

9.1.4　放射性廃棄物

　放射性廃棄物には放射能（放射性物質）そのものと、放射能を含むもの、放射能で汚染されたものがある。放射性廃棄物は多様であり対処の仕方が異なる。数百年から数万年以上にわたって放射能毒性を持ち続けるものも多く、将来の世代に負の遺産となる。
　我が国では、原子炉で燃やされて「死の灰」が蓄積した核燃料を再処理して、耐熱ガラスと混ぜてステンレス容器に固めた「ガラス固化体」だけを高レベル廃棄物としている。世界的には再処理せず、使用済み核燃料をそのまま高濃度放射性廃棄物とするほうが主流である。そのほうが再処理で取り出されたプルトニウムの核兵器への転用の心配もない。

新たな放射性廃棄物の区分

　高レベル放射性廃棄物を地下に埋め捨てる計画があるが、実現した国はない。どんなに頑丈な施設をつくっても、何万年、何十万年も管理する必要がある危険物質である。地層処分が唯一の方針とされているが、具体化は進んでいない。将来の世代に負担をかけない地層処分と言っているが、負担をかけない根拠も保障もない。

　ごり押しされる地層処分であるが、安全の保障も根拠もない。とりあえず目に見えないところに捨てたいということであろう（西尾漠、2012）。

　2000年5月31日に「特定放射性廃棄物の最終処分に関する法律（高レベル廃棄物処分法）」が成立した。この法律に基づき、同年10月18日に政府（森喜朗首相〈当時〉）は基本方針と最終処分計画を閣議決定した。

廃炉にした原発をどうするのか

　運転できなくなり閉鎖された原子炉を廃炉と呼ぶ。廃炉の後処理は燃料と冷却水を取り出して、その後はコンクリートやアスファルトで「密封して、放置する」という「原発の墓場」方式が世界の主流である。しかし、日本の原発はすべてを解体する計画であり、何十万トンもの大量の放射性廃棄物が出る方法を考えている。だが、この方式では解体作業に伴う膨大な放射性廃棄物の処分場が必要になる。

　廃炉については、運転開始から40年経過した原発で具体化すべき時期であるが、結局何も決まっていない。このような状況にもかかわらず、原発の再稼動だけが先に進もうとしているのであり、とてつもなく無責任な行動である。

放射性廃棄物（放射能ゴミ）

　地層処分を進めようという立場の人は、放射能ゴミの管理を1万年は自然にまかせようなどという。しかし実際には、1万年では足りないのである。大規模な地殻変動を考慮すると、とうてい日本では安全な保管などで

きない。本音は、目に見えないところに捨ててしまいたいということである。地下に埋めると掘り出す人がいるかもしれない。埋めたところに看板を立てても、未来のヒトには「書かれていることが読めずに、かえって興味をひいて掘り返す可能性がある」というような議論がされたことがある（川上泰「エネルギーいんふぉめいしょん」1996年11月号）。

無理に地層処分の話が予算化した

政府や電力会社は地層処分に固執し、その安全は確保できると主張している。しかし安全性の根拠は、1999年当時の動燃が原子力委員会に提出したお手盛りの報告書であり、それによってつくられた法律「特定放射性廃棄物の最終処分に関する法律（高レベル廃棄物処分法）」により、処分の方向性が示されているのである。しかし最終処分地は、公募されているがいまだに受け入れが決定していない。

放射能ゴミのスソ切り問題

原発の取り壊しに伴って発生する放射性廃棄物の一部は、「リサイクル」の名のもとに私たちの生活の中に入って来る危険性がある。

「放射能のレベルが極めて低く、人の健康へのリスクが無視できる」放射能ゴミは、産廃処分場に埋めてもよい。あるいはリサイクル製品として、家具や食器も含む金属材料として再利用してもよいとして、放射性廃棄物の規制を解除する「クリアランス」と言われるスソ切りが核種（ストロンチウム–90、セシウム–137など）ごとに決められている（図9.2）。

スソ切りでどうなるのか

放射性廃棄物が産廃処分場に埋め立てられ、気体の放射能が大気中に飛散し、処分場周辺の住民が吸入する可能性が出てくる。また地下水に漏れ出し、井戸水や河川水の汚染を起こし、さらに海洋に流れ出すことになる。金属の再利用では、放射能汚染スクラップから製品加工され、消費材や建

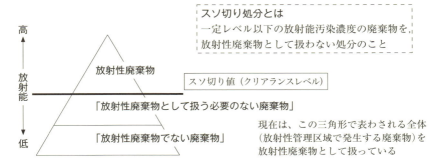

図 9.2 放射性廃棄物のスソ切り概念図

設材に使われ、コンクリートも建設材として出回ることになる。ジャーナリストの西尾漠（2012）によると、現在は電力会社の自主的判断で、「制度が定着するまでの間、業界内で再利用する」ことになっているが、制度の定着をいつ誰が判断するのか心配である。

このような重大な問題が、作業を行なう労働者にも、処分場周辺の住民にも、再利用製品の消費者にも知られずに実施される流れになっているのである。

スソ切りは、汚染していないもので薄めれば（たとえると汚染水に大量の真水を入れて希釈するように）、規制値以下になるので、処分場に持ち込めるし、再生利用が可能になるのである。膨大な廃棄物の放射能測定が正確に行なわれるなど、とうてい信用できないことである。震災後のがれき処理の一部を遠隔地に運んで実施したが、そのときでさえ、どこまで測定がなされたのか疑問も出されている。まして知らない間に処理してよいことになっていたら、低濃度放射性汚染物をきちんと測定して最終処分場に埋める、リサイクル品にすることなど無理である。また実施したらとても高価なリサイクル品になって、引き取り手はいなくなる。含まれないはずの放射線は測定しない、また測定が難しい放射線は測定せず、測りやすいものだけの抜き取り検査で、その他は測定限界以下で済ませることになる。そもそもクリアランスは無理である。放射線は、規則値以下なら安全など

とは言えないのである。

廃炉の廃棄物の98〜99％は、放射性廃棄物ではないものとして扱えるようにしつつある。スソ切りよりさらに低いレベルの放射性廃棄物は、処分場に埋め立てられるのである。実際、がれき処理で引き受けた市町村の廃棄物は、焼却後、処分場に埋め立てられたのである。

段階的処分

原発で発生した固体の低レベル廃棄物は、青森県六ヶ所村の「低レベル放射性廃棄物埋設センター」に運ばれ処分される。この埋設センターでは、図9.3のような施設にドラム缶に詰めたまま埋設し、埋設後300年「貯蔵」したら段階的に管理しながら捨てていくことになっている。なぜ300年なのかというと、セシウム-137の半減期の10倍が目安になっている。

段階的な管理とは、第一段階は、放射能が漏れても一般人が近付かないようにする段階（埋設15年間）。第二段階は、ドラム缶を掘り出さないなら一般人が近付いてもよい段階（埋設完了後30年）。第三段階になると最終的にはそのまま捨てたことにする。第三段階は埋め立ててから45〜50年後になると、土地は売ってよいことになり、公園や果樹園にしてもよいと言われている。

300年というのは目くらましでしかないようである。六ヶ所村の埋設セ

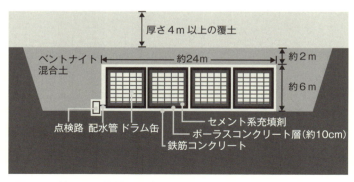

図9.3　低レベル放射性廃棄物埋設センターの「貯蔵」模式図

ンターは建設当初は「貯蔵センター」と言っていたが、現在は「埋設センター」と言い、「段階的埋め捨て」なのである。

原発の燃料

ウラン鉱石を採掘すると、この段階で放射能汚染した大量の残土が出る。さらに製錬してウランを取り出し、イエローケーキが作られるが、この段階では残土より高濃度の放射能汚染物である大量の鉱滓(こうさい)が出る。イエローケーキとはウラン鉱石から不純物を除去したもので、黄色い粉末状でケーキ状のためこう呼ぶ。

製錬して取り出した酸化ウランをフッ化ウランに転換して濃縮する。核分裂しやすいウラン-235の濃度を高くして、原子炉の燃料として使いやすくする。濃縮ウランは酸化ウランに再転換され、燃料に加工される。濃縮ウランを小さい円筒形のペレットに焼き固め、金属のサヤに詰めたものが燃料棒である。

除染とその無駄

除染するのは、住宅地、農地、森林の3つであるが、チェルノブイリで実施されなかったように、完全に除去することは無理であり、労力と予算の無駄である。除染しても森林や山林から再汚染が必ずあり、これを完璧に行なうことは不可能である。農地の除染では、肥沃な土壌を除去することになり、農地の生産力を奪うことになるし、再汚染が繰り返される。

除染にかかわった作業員の被ばくも大きな問題である。大手ゼネコンが除染を請け負い、下請けに丸投げして進めているが、除染の実行力を担保する法令が整備されないまま進められており、費用が費やされただけである。除染した土壌や、刈り取った草木の処理が杜撰であり、川に流された例さえある。

チェルノブイリでは放射能汚染対策として、汚染物質を「移動させず」、「燃やさず」、「埋める」という原則で処理している。ところが日本はこのチ

ェルノブイリの処理方針は一切無視している。森林除染では、8000ベクレルもの高濃度汚染した伐採樹木を「木質バイオマス」として焼却しようとしている。震災がれきも日本各地に持ち出して、安全で問題ないとして焼却埋め立てした。

　除染し農地としての利用や居住が可能な汚染濃度が、事故後引き下げられ、チェルノブイリでは立ち退きレベルの場所が居住可能にされ、安全の根拠が曖昧なままで居住許可されている。被害はただちには出ないことから、いい加減に安全性の根拠もないままに安全宣言を出しているのである。

汚染水問題

　放射能に汚染された水が毎日400 t増え続けている。この汚染水は原子炉建屋周辺にタンクを設置してひたすら貯めているが、タンクを敷地いっぱいに増設しても70万tが限界と言っている。全体を見通した総合的な対策を早急に立てる必要がある。

　増え続ける汚染水の処理のために、多核種除去設備（ＡＬＰＳ：アルプス）で汚染水に含まれる62種の放射性物質を基準濃度以下にする計画になっている。ＡＬＰＳはトリチウムを除去できないという構造的な欠陥のある装置である。さらにトラブル続きでまともに汚染水処理ができていない。

　汚染水の漏水もいまだに続いている。汚染水を永遠に貯め続けることはできないわけであり、東電は海洋への放出を狙っているのである。法令で定める濃度未満に処理すれば、放流できるのである。現状では「汚染水の海への安易な放出は行なわない」としているが、裏を返せば「安易でない放出」はあり得るのである。

　机上の計算で上手くいくはずとトップダウンで汚染水処理計画がつくられ、凍土壁も上手くいかず、有益かどうかわからない技術に無責任に巨額な予算をつぎ込んで、失敗しても責任も取らず反省もない。このような悲惨な状況の中で作業員の被ばくも起きているが放置され、報道も一切されていない。

9.2 目に見えない空気が引き起こす公害

9.2.1 大気汚染防止法

以下のような大気汚染物質が規制対象となっている。
① ばい煙：硫黄酸化物（SOx）、ばいじん（煤^{すす}など）、窒素酸化物（NOx）、カドミウムおよびその化合物、塩素、フッ素、鉛があげられる。
② 粉じん：一般粉じん（セメント粉、石炭粉など）、特定粉じん（石綿）
③ 自動車排ガス：炭化水素（HC）、一酸化炭素（CO）、鉛化合物、窒素酸化物（NOx）、粒子状物質（PM）。炭化水素と粒子状物質は光化学オキシダントの原因物質であり、発生すると刺激が強く、目やノドの痛みが起き、光化学スモッグの原因になる。
④ 有害大気汚染物質：ベンゼン、トリクロロエチレン、テトラクロロエチレン、ジクロロメタン
⑤ 揮発性有機化合物（VOC）

主な大気汚染物質の性質と特徴は表9.2のようである（「Eco検定」より）。

硫黄酸化物（SOx）は硫黄分を含む化石燃料から発生する。四日市ぜんそくの原因物質である。アスベスト（石綿）は多くの建物で使用されており、じん肺や中皮腫をおこし、被害者やその遺族が現在裁判で補償を求めている。

粒子状物質（PM）は肺や気管支などの呼吸器に悪影響が出る。揮発性有機化合物（VOC）は、有害性のある臭気がある物質であり、塗料、接着剤などの溶剤に含まれ、シックハウス症候群の原因になる。

表9.2 主な大気汚染の性質と特徴 (「Eco検定」より)

原因物質	性　質	発生源	人体への影響
硫黄酸化物 (SOx)	人体に有害な硫黄を含む気体 水と反応し、酸に変化する	石油や石炭など硫黄分を含む化石燃料の焼却時に発生	酸性雨の原因物質となる ぜんそくや気管支炎を発症する 四日市ぜんそくの原因物質
石綿 (アスベスト)	きわめて細かい繊維状の鉱物	建築材料として使用された製品の解体や劣化に伴い発生する	吸引すると肺に達し、じん肺や悪性中皮腫を引き起こす
粒子状物質 (PM)	固体・液体の粒子状の粒 小さく軽い	工場から排出されるばいじんや粉じん ディーゼルエンジンの自動車からの排気ガス	肺や気管支などの呼吸器に影響
揮発性有機化合物 (VOC)	常温常圧で容易に揮発する物質の総称	塗料などに溶剤として含まれる	臭気や有害性を持ち、シックハウス症候群の原因となる

PM2.5

現在、大気汚染物質で最も注目されているのはPM2.5であり、毎日濃度が報告されているし、濃度が35を超える予想のときには注意報が出されている。PMは粒子状物質のことであり、大気中の微細な粒子状の個体または液滴のことであるが、汚染物質そのものの名称ではない。「2.5」は、その粒子や液滴の径の大きさがほぼ2.5マイクロ・メートル（μm）ということである。大気中に浮遊する2.5μm（= 0.0025 mm）以下の微小粒子状物質のことである。ヒトの髪の毛が約70〜100μmであり、スギ花粉は半分くらいの30〜50μmである（図9.4、嵯峨井、2014）。

日本では、これまでの大気汚染防止法の環境基準では、「径が10μm以下くらいの浮遊粒子状物質（SPM：煤塵）」として対策していた。しかし、PM2.5は呼吸で肺の奥深くまで吸い込まれ、呼吸器への影響に加え循環器系への影響も懸念されるために、環境省は1999年より「微小粒子状物質曝露影響調査」の調査・研究を開始した。2009年には環境省中央環境審議会の専門委員会でPM2.5の環境基準が設定された。粒子にも様々な種類があり、動物性粒子、植物性粒子、土壌粒子、黄砂、カビ、花粉、流れ星

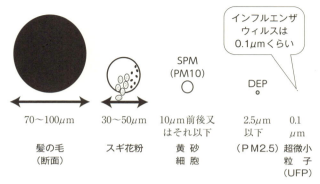

図9.4 様々な粒子状物質（PM）の大きさの比較（嵯峨井，2014 より）

などの宇宙塵がある。いま問題になっているのは人工的に排出された化学物質のことである。

PM2.5の主な排出源

大気中のPM2.5も含む粒子状物質の発生源は、人為的起源と自然起源の2つがある。

人為的起源が主であり、①トラックも含むディーゼル車等、②火力発電も含む石炭燃焼炉やゴミ焼却炉などの施設、それら施設からのヒューム(*)などから大気中で生成される二次生成粒子、③コークス炉や石炭燃焼炉などから出る焼却灰（フライアッシュ）や粉じん（径が1〜150μm：ダスト）など産業活動が主な発生源だが、他に④家庭での石炭ストーブや廃棄物の野焼きなど日常生活に起因するケースも無視できない。

自然起源としては、海水の飛沫が乾燥・固化した海塩、黄砂など砂嵐のケイ酸塩微粒子を主とする土壌粒子、火山の噴火や森林火災などによる煤塵や煙霧の他、花粉（径が10〜20μmくらい）などがある（図9.5）。

（*）ヒュームとは：物質の加熱や昇華によって生じる粉塵、煙霧、蒸気、揮発性粒子のこと

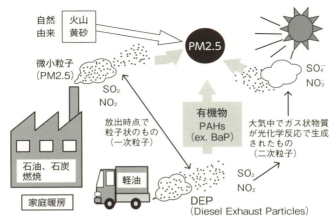

図9.5　PM2.5の発生源の模式図（嵯峨井，2014より）

9.2.2　大気汚染とPM2.5問題

　大気汚染防止法によれば、「ヒトの健康または生活環境に負の影響を生ずる恐れがある」気体や固体（粒子状物質）、液体（微細な液滴）などの物質による大気汚染で、PM2.5問題はその1つである。

　日本では戦後の1950年代の高度経済成長期に入ると、三重県四日市市や神奈川県川崎市などに石油化学コンビナートや製鉄所などの工業地帯が建設され、また、経済成長に伴い国民の生活様式も変わって電力需要が増加した。発電が〝水主火従〟から火力発電が主へと変化し、その燃料として石炭や重油なども使用するようになり、その結果、工場や発電所からの排ガスに起因するばい塵などのSPM（浮遊粒子状物質やPM2.5）、イオウ酸化物などを主とする大気汚染が深刻化する。これにより慢性気管支炎や喘息などの呼吸器疾患や循環器疾患の患者が増加し、また農作物の被害も多くなる。

　しかし、他方で1960年代の北九州地域では、工場の煙突から吐き出される様々な色の排煙が〝七色の煙〟と経済成長の象徴のように呼ばれたりもしていた。

その後、人口の都市集中と車社会の到来で、今度は主として窒素酸化物や光化学スモッグ（オキシダント）など車公害よる大気汚染へと様変わりする。

　他方で、大規模な石油化学コンビナートが造成された四日市市では、磯津地区などで1960年代半ばから喘息患者が多くなり、大気汚染公害に反対する運動が始まる。1967年に公害患者9名が原告となり、昭和石油、三菱化成・油化、三菱モンサント化成、石原産業、中部電力などの企業を被告とする公害差止めと損害賠償の訴訟、いわゆる「四日市公害訴訟」が提訴されたが、1972年に原告が勝訴した。

　その後、千葉（1975年）、西淀川（1978年）、川崎（1982年）と、各地で大気汚染訴訟が行なわれた。最後に東京で自動車メーカーの責任を追及する第一次訴訟が1996年に提訴され、各地で公害被害者が勝訴し、汚染物質排出企業が公害被害者救済資金を分担し合う公害補償法の成立となる。

　健康影響に関する環境庁（当時）の解説をみると、「PM2.5の粒子は、ヒトの健康に有害な固体または液体の物質が、その表面に付着していたり、粒子の性状によってはしみ込んでいることを想定しておくべきである」としている。

毒性学的知見

　呼吸で吸い込まれたPM2.5は鼻、喉、気管、肺などに沈着し、健康影響をひき起こす。粒子が小さいほど（5 μm以下）肺奥の肺胞にまで達して沈着する。その沈着量は呼吸数や単位体積当たりの換気量が大きい小児ほど大きい。環境庁（当時）は、高齢者や小児については成人よりも影響が大きいとの報告もあると紹介している。

　粒子にも様々な種類があり、動物性粒子、植物性粒子、土壌粒子、黄砂、カビ、花粉、流星等の宇宙塵がある。今問題になっているのは人工的に排出された化学物質のことであるが、それらは毒性が強いものも多く、吸い込むことによって、喘息、呼吸器疾患、肺炎、肺がんの原因につながる可

能性のあることが報告されている。

主な健康影響の呼吸器疾患、特に慢性気管支炎や肺気腫を含めた慢性閉塞性疾患（POCD）の患者は、健康な人よりもPM2.5の沈着量、沈降速度が共に大きい。また、粒子状物質の曝露はヒトの気道や肺に炎症反応を誘導し、気道における抗原性を高める。少なくともヒトでは、ディーゼル排気ガス中の排気微粒子（DEP）は喘息やアレルギー性鼻炎を悪化させる可能性が高い。

疫学的知見

疫学的には、呼吸器罹患率や死亡数の増加、肺機能の低下、肺気腫罹患率などとの関係の調査報告がある。また、ラットによる実験では、ディーゼル排気微粒子（DEP）や黄砂が免疫機能へ影響を及ぼしアレルギーを悪化させる。

アメリカがん学会の研究によると、アメリカの50都市30万人を対象とした1989年までの7年間の解析調査では、PM2.5と、全死亡率および心疾患、肺疾患、肺癌による死亡との間には統計的に有意な連関が認められた、との報告ある。

タバコの害

世界保健機関（WHO）が策定したタバコの規制を実現するための「たばこ規制枠組条約」のガイドラインでは、「屋内完全禁煙」を定めている。これを受けて、わが国でも受動喫煙防止のために「分煙」の取り組みが進められているが、「完全禁煙」への取り組みはまだ十分とは言えない。

受動喫煙は、換気、分煙、空気清浄機などでは完全には防げない。すべての人を受動喫煙から守るためには、屋内の職場や公共の場所は完全に禁煙にする必要がある。しかし、大学では、まだ学内禁煙がようやく始まった大学があるという状況である。2003年に多くの人が利用するレストランなどの施設における分煙や禁煙が日本の法律（健康増進法第25条）で義

務化されたが、罰則のない努力義務であることから、対策の徹底には十分ではない。ところで2009年には、全国に先駆けて神奈川県が積極的に受動喫煙を防止することを定めた条例を制定した。また、2012年には兵庫県でも「受動喫煙の防止等に関する条例」が制定された。このような取り組みの動きは、全国の他の自治体にも広がりつつある。

　喫煙の害は、本人の健康はもちろん、吸わない周りの人（受動喫煙者）の健康にも悪影響がある。個人差はあるが、すぐに出る害として、目やのどの痛み、心拍数の増加、咳き込み、手足の先が冷たくなるなどがある。また長期的な受動喫煙の被害として、心臓病（狭心症や心筋梗塞）で死亡するリスクが1.3〜2.7倍高くなるとの報告がある。また妊婦やお腹の赤ちゃんにも影響があり、流産や早産のリスクが高くなる。また新生児の低体重化が起こる、などが報告されている。

　発育途上の子どもへの害は深刻なものがある。煙の害の出やすいのは、鼻、耳、のどなどの空気の通り道にあたる部分である。受動喫煙により子どもの中耳炎、気管支炎、肺の感染症や肺機能の低下などが起こることが知られている。家庭内などで受動喫煙している子どもの脳の発達への影響が報告されており、注意力が散漫になる傾向や、言語能力が低いことなどが知られている。

　タバコに含まれる代表的物質として、アセトン（ペンキ除去剤）、ブタン（ライター燃料）、ヒ素（アリ除去剤）、カドミウム（カーバッテリー）、トルエン（工業溶剤）、一酸化炭素（排気ガス）があげられる。その他にもタバコの煙には4000種類以上もの化学物質が含まれており、そのうち発がん性物質が60種類もある。

　長期間の喫煙者では、皮膚のハリが失われ、目じり・口周りなどのシワが増えた顔になるが、この顔を「スモーカーズ・フェイス」という。白髪、頭髪の脱毛、歯や歯ぐきの着色、唇の乾燥なども伴う。

　ここで忘れてはいけないのは、タバコの燃焼によって発生する煙もPM2.5であることである。禁煙されていない飲食店のPM2.5は200〜800

μg / m³に達することもあり、日本では中国からのPM2.5より受動喫煙のほうがはるかに問題であると言えよう。

9.3 中国の耕地汚染と日本の輸入食品

中国の環境保護部は、同国の122万km²に及ぶ農地の1/10が重金属やその他有害物質によって汚染されている実態を明らかにした。汚染面積は今後さらに拡大する傾向にあり、その面積は日本全土の1/3以上、北海道と九州を合わせた面積よりも広い。また2013年4月10日、独紙「ディ・ヴェルト」は「中国の耕地の7割が汚染されている」と題した記事を掲載した。その中で中国の耕地の大部分が深刻な汚染にさらされていると記している。

過去30年間で中国の穀物生産量は2倍に増えた。農地には収穫量を増やすために多量の化学肥料や農薬が使用されたが、その65％が不適切な使用であり、農地や河川は汚染され、土壌には有害物質が残留している（表9.3）。

表9.3での比較について、右端の「土壌汚染対策法（日本）の基準」は

表9.3　中国の農地汚染データ（「週刊文春」2013年2月14日号より）　（単位：mg/L）

検査項目	地点A	地点B	中国の有機食品の汚染限度	中国の安全食品の汚染濃度	土壌汚染対策法（日本）の基準
pH	8.04	8.22	7.5以上	7.5以上	
カドミウム	0.042	0.0156	1.0	0.40	0.01
水銀	0.122	0.196	1.0	0.35	0.0005
ヒ素	14.954	12.175	25	20	0.01
鉛	35.24	23.60	350	50	0.01
クロム	101.25	74.70	250	120	0.05
銅	53.08	39.20	水田100 果樹園200	60	土壌1kgにつき125mg未満
有機塩素BHC	0.1473	0.1145	0.5	0.5	0.0025
有機塩素DDT	0.00355	0.00475	0.5	0.5	0.0125

2002年に公布された日本の土壌汚染の基準値だが、この数字と地点A（長江河口）の検査数値を比較していただきたい。水銀は244倍、鉛は3500倍、ヒ素は1495倍である。

　毎年生産される食糧のうち1200万tが金属汚染されているために、廃棄せざるを得ない。そのために生じる経済的損失は200億元（約2900億円）に達している。

　ついに中国政府の環境保護部が「がん村（癌症村）」の存在を公式に認めた。「がん村」は100カ所以上、あるいはさらに200カ所以上とも報道されている。汚染は、非公式報告を含めると全中国で460カ所、河北省から湖南省までの東側ベルト地帯だけで396カ所と、東部に集中しながら内陸に進んでいっている。この地域で生産された野菜類で重金属汚染した野菜が広州、マカオ中山市で販売されている。珠海デルタ農地の重金属汚染はかなり深刻であり、特に中山市の土壌汚染はひどく、カドミウム、ニッケル、銅の基準の超過割合は50%、43%、10.9%となっている。

　中国の環境汚染基準は日本に比べて緩すぎることから、農地の汚染が進んでおり、農作物は作れないと現地関係者は述べている。

　カドミウム汚染を例にとると、広州市の調査では「コメ及びコメ製品」のサンプル調査の結果、18サンプル中8サンプルで基準を超える汚染が検出されている。汚染米は各地に出荷されていて、「毒米問題」として現地での不安が広がっている。

　輸入食品の10%を中国産に頼っている我が国としては、考える必要がある。特に注意する必要があるのは外食産業であり、冷凍野菜や米などで残留農薬だけが問題にされてきたが、重金属汚染にも注意が必要である。

　中国の富裕層は国産の米や野菜を信用せず、日本産を購入していると言われている。中国国家統計局黒竜江省における2011年の世論調査では、71%が中国産食品に失望していると回答している。

中国の農産物汚染と対策の問題

このように中国国内でも野菜、米、果物、茶葉などの残留農薬、高毒農薬検出、違法添加物の使用、重金属汚染等による有毒食品、動物用医薬品や抗生物資などの超過残留などの問題の発生が後を絶たない。工場からの排ガス・排水等による河川汚染、土壌汚染などの環境汚染にともなう汚染農産物が生産され、輸出もされている。

中国における環境紛争は明らかになっているものだけでも約61万6000件にのぼるが、地方政府が受理するのはそのうちの1/7だけである。さらに司法が受理するのは1/255に激減するという問題がある。その背景には、中国では政府系企業が中国共産党の指導下にあることが多く、そのため企業への政府の指導が癒着などで厳正に行なわれないこともある。さらに消費者がこの状態を批判できる自由が制約されているという問題もある。中国の食品の安全性確保には、行政と企業の分離や、適正な社会的監視が必要であることが指摘されている。

日本国内での朝日新聞社の世論調査をみると、中国産の輸入食品の安全性について「あまり信頼していない」、「まったく信頼していない」との回答は、それぞれ51％、38％と、信頼しない割合が圧倒的に多く、「ある程度信頼している」は10％で、「大いに信頼する」はゼロである。日本の輸入に絡む商社などでは、現地に駐在して監視と指導をするシステムを作っているところもある。「朝鮮日報」によると、韓国は輸入食品に対して価格重視であるが、日本は品質を重視しており、さらに品質・安全性も重視して中国での生産工程を管理下に置いている。

日本の輸入の現状

日本では中国米の輸入が増加傾向にあり、2012年の上半期には約3万6000tにのぼる。イオングループ、イトーヨーカ堂などのセブン＆アイ・ホールディングス、ゼンショーホールディングスなどは中国米を取り扱う予定はないとしているが？

日本人の指導による徹底した安全管理を実現している業者は1割程度であり、多くの企業は「現地で厳しい検査を行なっている」と言うが、実際には中国人に検査を丸投げしているのが実情である。現在、中国で生産されている野菜の47.3％に危険な農薬の残留があるとのデータがあるが、「この汚染のひどい野菜類は日本向けに輸出されている」というウワサまである。
　ところで中国は、これまで高い自給率を確保していたトウモロコシ、大豆、米、小麦の大量輸入を始めた。その結果、世界の穀物市場に大きな影響を与えている。中国の輸入量は国内消費量の5％と言っても、世界の穀物貿易量の1/3から1/2に匹敵する量である。中国は2013年には一気に世界第2位の米と大麦の輸入国になり、小麦とトウモロコシも輸入量を増加させた。自国の汚染した穀物を輸出して、品質の良いものを消費する、などとも言われている。中国が本格的に食料輸入を開始すると大問題になる。

第10章　地球環境と汚染物質（農薬、シックハウス）

10.1　環境汚染と生物

　環境問題は生物圏における環境と生物の相互関係の問題である。すべての生物は、他生物はもちろんのこと周囲の環境と物理的にも、時間的・空間的にも密接な関係をもっている。環境によってすべての生活活動が制約されており、また相互に影響し合っている。ヒトの活動と関係した環境汚染（environmental pollution）は生物圏の生態系全体の汚染とつながっていることが多く、汚染物質の影響は生物地球科学的循環（biogeochemical cycle）としてとらえる必要がある。

　環境汚染は主に自然環境の汚染を指し、物理的、化学的、生物的環境に、日常の生活や産業活動によって従来存在しなかったか、あるいはごくわずかしかなかった物質が混入し、本来適合していたと思われる各種の自然界の機能が減少して適合状態が悪くなったとき、環境は汚染されているとする。しかし法律的には、環境が汚染されても被害があらわれないと「公害」（public nuisance, environmental pollution）にはならない。

　公害についての法律は公害対策基本法であり、1967年に制定された。その条文を見ると、公害とは「事業活動その他の人の活動に伴って生ずる相当範囲にわたる大気の汚染（air pollution）水質の汚濁（water pollution）、土壌の汚染（soil pollution）、騒音（noise）、振動（vibration）、地盤の沈下（ground settlement）及び悪臭（foul smell）によって、人の健康又は生活環境に係る被害が生ずること」と規定し、7項目に限定している。当初の法律には土壌汚染の項目がなかった。その理由として地表面の土壌汚染は汚染場所と汚染原因が離れていることがあるために、汚染源の特定が困難なことがあったためとされているが、追加された。

　その後1993年に「環境基本法」として「公害対策基本法」を発展させ、

環境保全に関する国の政策の基本的な方向を示すために新たに制定され、公害対策基本法は廃止された。法律の目的は、現在及び将来の国民の健康で文化的な生活の確保に寄与することと、人類の福祉に貢献することとされている。具体的には、政府による「環境基本計画」の策定、環境負荷を逓減するための製品利用の促進、環境教育・学習などの促進などの施策が行なわれている。

新たな制定の理由は、従来の地域的に限定された環境汚染だけでなく、「オゾン層の破壊や酸性雨問題、地球温暖化」など地球規模の環境汚染や環境破壊の影響が出てきており、一国だけで解決できる問題だけではなくなったことがある。環境問題は地球的な規模と立場からみて、現在及び将来の世代のヒトに対して豊かな環境の恩恵を受けられるように、全人類の存続の基盤である環境の保全が必要な時代である。そのためには、可能な限り環境負荷を減らし、人類すべてにとって公平に役割を分担して健全な経済発展を図りながら、持続的に発展できる社会の構築が必要であり、そのために地球環境保全のための積極的協力と貢献が求められている。

しかし、新法にいくつかの課題が残されており、その1つとして「いまだに環境アセスメントの法制化が明示されていない」。アセスメント法は先進国ではもちろん、今や世界的な常識であるにもかかわらず、「経済開発、公共事業優先の姿勢がいまだに続き」環境を守るために不可欠な項目が欠落していること。

他には国民の義務として「……日常生活に伴う環境への負荷の低減に努めなくてはならない」、さらに「……国又は地方公共団体が実施する環境の保全に関する施策に協力する責務を有する」と責務だけが強調されていて、市民の「環境権」は明示されていない不備なものである。

10.2 人体と有害物質

私たちの身の周りには様々な有害物質が存在し、無関係に生活すること

は難しい現実にある。特に私たちは10万種以上にもなる化学工業物質に囲まれている。20世紀は様々な化学物質を合成、製造し世界中に浸透させた時代である。その恩恵として、医薬品、農薬、住宅建材、衣料品、食品加工などが多様になり、健康面での向上と飛躍的に豊かな暮らしと生活が得られた。

　一方で私たちは、環境が汚染し、飲み水や食べ物の汚染によって健康に不安を感じ、野生生物の生殖異常や種の激減などの影響がすでに出ていることも知っている。21世紀は地球環境汚染を減らし、私たち人間の健康と子孫の安全、さらに野生生物の存続が次世代に対する課題となっており、この課題の解決なしには持続的な生活は成り立たないのである。

　有害物質の毒性は、「急性毒性」、「亜急性」、「慢性毒性」と、体内に取り込まれた後の毒性が発現する時間によって分けられている。また毒性には、細胞毒性、生殖・発生毒性、発がん性、催奇形性、変異原性、アレルギー性、さらに内分泌攪乱性などがあるが、これらはいずれも急激に短時間に現れる毒性ではないことから、ある意味で軽視されがちである。しかし、長時間たって因果関係がはっきりしにくい発現の仕方や、さらに本人ではなく次世代に被害が現れるだけ、やっかいで悲惨であると言えよう。

　通常、有毒物質によって起きる生物に対する影響は、有毒物質の量が多くなるほど毒性が高く被害も大きくなり、ある量以上になると反応は頭打ちになるＳ字型（飽和型）曲線になる。ただ化学物質に曝露されても、ある濃度までは影響の出ない「無影響量」があり、摂取許容量はこれで決められる。しかし、内分泌攪乱物質ではＳ字型ではなく逆Ｕ字型を示し、これまで考えられてきた毒性に対する関係と異なる可能性のあることが指摘されている。

　生殖・発生への毒性についても、生殖能力にかかわる精子や卵子の形成障害や、妊娠維持への障害による流産がある。近年、様々な原因で子どもができないという夫婦が増えているが、その原因の中には有害物質に起因する場合がある。

生物濃縮

　生きている生物は、外界から取り込んだ物質をしばしば環境中におけるよりも高い濃度で生物体内に蓄積する。この現象を生物濃縮（biological concentration）または生物学的濃縮という。生物濃縮は食物連鎖を通じて「食われる側から食う側」へと、高次栄養段階の生物ほど高濃度に蓄積してゆく（図10.1）。アメリカのミシガン湖で調査されたＤＤＴの生物濃縮の実態をみると次のようである。

　周辺のリンゴ園に散布されたＤＤＴは年間30ｔ、これが湖に流れ込み、湖底に0.014ppmの濃度でたまる。これが底生生物に取り込まれ30倍の濃度になり、この底生生物を捕食するサケやマスに取り込まれると10倍近くになり、さらに魚をとらえて食べるセグロカモメになると30倍の濃度になる。セグロカモメの体脂肪での測定では、ＤＤＴの汚染濃度は約730倍の2441ppmにまで濃縮されて蓄積している。したがって、生物濃縮は自然界の物質循環に大きな影響を与えており、生態学的あるいは環境問題から見ても重要な意味をもっている。

　重金属をはじめとして多くの汚染物質、たとえばＰＣＢ（ポリ塩化ビフェ

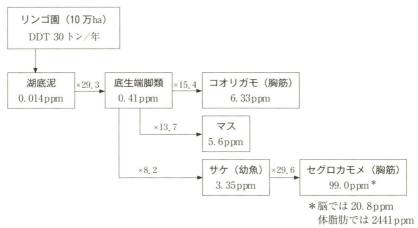

図10.1　ミシガン湖で調べられたDDTの生物濃縮
　　　　（Hickyら1966を改変　有賀，1987より）

第10章　地球環境と汚染物質　237

ニル）や農薬、ダイオキシンなどの有機物でも高濃度の濃縮が起こる。生物濃縮では、低濃度でうすめて廃棄された汚染物質や、溶け込んでいた重金属、ＰＣＢなどによる生物被害の原因であり、水俣病などはその典型的被害である。また懸念されることとして、原子力発電所からの排気や排水中の微量な放射性元素などの生物濃縮は大きな社会問題である。

　生物濃縮の程度を表すのに濃縮係数（Concentration Factor：ＣＦ）が使われる。ＣＦ＝生物体内における元素または物質の濃度／外界における元素または物質の濃度。この場合に生物体内における濃度は、湿重量当たりの濃度か、乾燥重量当たりの濃度かを明記する必要がある。

多様な毒性

催奇形性：有害物質が妊娠中の母体の胎盤を通過して胎児に影響するケースが出てきている。その代表的例として、睡眠薬サリドマイドがあり、妊娠初期にこの薬を服用するとアザラシ肢症などの奇形児を生じる。各地の餌付けしている野生ザルでの奇形の発生があるが、原因は給餌している農産物の農薬が原因と言われている。

変異原性：親の特定の形質を伝える情報を含む最小単位である遺伝子の突然変異や染色体数の異常を起こす性質であり、この性質をもつものが変異原性物質である。変異原性をもつものは、発がん性をもつものが多い。

発がん性：悪性腫瘍（がん）を起こす性質であり、正常な組織の細胞が、さまざまな発がん因子の作用によって、遺伝情報の変化を通してがん細胞に移行する。発がん因子となる性質が発がん性である。現在発がん性の疑いがあると言われる物質は2000種類以上にもなる。そのうちで、ヒトに対して発がん性がある、あるいはあると考えられているものは100種類以上あげられている。発がん物質が体内に取り込まれる経路は、食物経由が最も多く、次いで喫煙、呼吸によるものである。

アレルギー性：抗原にさらされたときに、正常よりも過敏な反応を起こし、組織障害を起こした状態がアレルギーであり、過敏症ともいう。アレル

ギーの原因になる物質をアレルゲンという。アレルギーは抗原の刺激を受けてから、数分から数時間で反応の現れる「即時型アレルギー」と、24〜48時間経過後に出る「遅延型アレルギー」がある。即時型アレルギーは抗体がかかわるので体液性とも言い、気管支喘息、アレルギー性結膜炎、アレルギー性鼻炎、アレルギー性胃腸炎、花粉症などがある。

アレルゲンには、環境アレルゲンと言われる気管支喘息の原因であるダニ、カビ、スギ花粉などと、食べ物に由来する食物アレルギーとして米、小麦、そば、牛乳、卵、エビ・カニ類などがある。

10.3 農薬と残留

農薬の毒性

農薬の毒性は急性毒性の程度によって分類され、「毒物及び劇物取締法」でその取り扱いを取り締まっている。

毒性があり、使用上にも危険がともなう物質が含まれる農薬を食物に使うことが認められているのは、社会的な利益や効用が認められているからであろう。農作物にとって病害虫や雑草の被害は大きく、また収穫後の貯蔵や輸送段階で発生することもある毒性の強いアフラトキシンなどの害を防ぐこともあって、農薬の使用が許されている。

残留基準

農薬の残留基準は、旧厚生省が定めた各農産物中の農薬ごとの許容残留量であり、農産物が基準以下の農薬の残留レベルならば、「一生食べ続けてもなんら人体に健康上の害がない」とされているものである。

我が国の残留基準は図10.2のようなプロセスで決定されているが、国際的に共通の基準をつくることは間違いと考える。なぜなら国ごとに食習慣も含め摂取する量が大きく異なるし、もっと厳密に言えば個人差も大きいことから、本来統一することはなじまない。

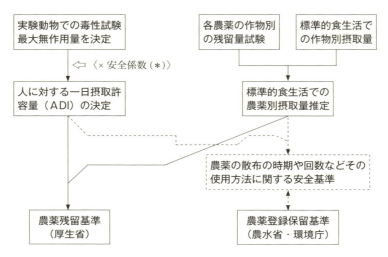

(＊) 動物実験からADIを決める際に，動物とヒトとの違いや，薬剤に対する無作用量の成人と子どもや老人などとの差を考慮して，日本ではふつう安全係数として〈1/100〉値を用いる。
　⇨例えば，ある農薬が動物実験からは1日当たりの無作用摂取量の最大値が0.5 mg/体重・kgであったとすれば，人についての一日摂取許容量（ADI）はふつう；0.5 mg × 1/100 = 0.005 mg/体重・kgと決められる。

図10.2　農薬などの作物残留基準や登録保留基準の決定プロセス
　　　（安東，1994より）

　残留基準は、動物を使って急性毒性試験（acute toxicity）を行ない、次にその実験結果をもとにして、ヒトの体重1kg当たりの一日摂取許容量（ADI：Acceputable Daily Intake）が求められる。

10.3.1　輸入農産物の安全性

　農産物の国際商品化が進むと、その結果として長距離輸送と、これにともなう寄生生物の大陸間移動の可能性が大きくなる。このために病害微生物や害虫の侵入を防ぐために植物検疫や輸入穀物の燻蒸処理が行なわれている。
　また、ポスト・ハーベスト剤（post：後、harvest：収穫）、さらにレモ

ン、オレンジ、グレープフルーツの腐敗防止のために防カビ剤としてOPPやTBZなどが使用されている。しかし、これは防疫上というよりも、商品価値の維持にウエートがあり、経済上の理由が中心と言われている。この理由のために、変異原性があり、がん誘発性のあるOPPやTBZを使用することは、我々にとってプラスなのかが問われる。これはほんの一例であり、この他にも、使用されている農薬が不明のまま輸入する、また輸出用にだけ特別使用される農薬の存在も話題になっている。

残留農薬の基準違反の例を表に示す（表10.1）。基準値に対して米では2〜100倍のものがあり、オレンジ、グレープフルーツ、バナナなどよく買われている果物類の違反もみられることがわかる。

ポスト・ハーベスト剤は、農薬と食品添加物に関係する、食品に対する新しい薬剤使用であり、我が国は生産物にそのまま残留することからこのような使用を禁止している。アメリカのように食糧輸出する国が、輸送中の害虫による食害やカビを防ぐために収穫後に農薬をスプレーするもので、残留量が高くなるのは当然である。

10.3.2　残留農薬の国際平準化（ハーモナイ・ゼーション）

もう1つ大きな問題として、残留農薬の国際平準化（ハーモナイ・ゼーション）がある。農薬の残留基準値は国ごとに異なっている。それは国によって食形態の違いがあり、同じ食べ物でも摂取量が全く異なることも少なくないからである。ところがこれを国際的な基準で統一しようという動きがアメリカを中心に強くなっているのである。

これまでこの国際平準化の話をすると、基準がバラバラなのは不便だから統一したほうがいいのでは、との声をよく聞くが、国際基準にすると残留濃度が一桁アップすることも珍しくないのである。前述のように、ポスト・ハーベストは作物を収穫後に農薬を散布し、貯蔵されるのであるから、残留が多くなるのも当然である。

ここで特に注意する必要があるのは、食生活の違いの問題である。日本

表 10.1 輸入食品残留農薬基準違反事例
（食品中の残留農薬, 1998 および小倉, 2000 より）

検査項目	農薬名	残留実態	残留基準	違反件数
コメ	イソプロカルブ	1 ppm	0.5 ppm	2
	チオベンカルブ	1 ppm	0.2 ppm	2
	ピリミカーブ	1 ppm	0.05 ppm	2
	プロピコナゾール	1 ppm	0.1 ppm	2
	ベンダイオカルブ	1 ppm	0.02 ppm	2
	メチオカルブ	1 ppm	0.05 ppm	2
	メフェナセット	1 ppm	0.1 ppm	2
オレンジ	イマザリル	12.9 ppm	5 ppm	2
	クロルピリホス	0.5 ppm	0.3 ppm	1
グレープフルーツ	イマザリル	11.2 ppm	5 ppm	2
バナナ	クロルピリホス	0.7 ppm	0.5 ppm	1
	ビテルタノール	3.2 ppm	0.5 ppm	4
上記以外のゆり科野菜	2,4,5-T	0.1 ppm	ND	1
オクラ	エトリムホス	0.59 ppm	0.2 ppm	1
	ジクロルボス	0.59 ppm	0.1 ppm	1
	シハロトリン	0.59 ppm	0.5 ppm	1
	フェンバレレート	0.59 ppm	0.5 ppm	1
計				29

人は大豆製品を、アメリカ人などと比べると日常的にはるかに大量に食べているであろう。味噌、醤油、豆腐、納豆、大豆油とだれでも毎日いずれかは食べるが、97％は輸入大豆である。また、米のご飯を日本人のように毎日食べるアメリカ人は少数派であろうことからも、輸入米となれば問題が想像できるであろう。実際に表に示したように、基準値を大幅に上回った違反品が見つかっているが、国際平準化で基準値が緩和されてしまえば、同じ濃度で残留しても違反品ではなくなる。しかし安全性の点で基準値内と言われても疑問が残ることになる。

　日本の食品の基準は「安全性より政治が優先される」としばしば言われている。これは基準値を厳しくしたままチェックを行なうと貿易障壁になるという外圧がしばしばある。その例としてアメリカから、発がん性の疑

われるＢＨＡ（酸化防止剤）という食品添加物の規制（日本で使用禁止に決めた）が非関税障壁であると圧力がかかり、使用可能になったのである。中国産の野菜からの農薬残留も、同じような政治がらみの問題になりつつあるし、遺伝子組み換え作物でも同様で、表示が再度問題となるであろう。

順次国際平準化されて、どの国でも受け入れられるように基準値が緩和され、法律で新しい基準値が決められ、その基準値を守っていると言われても、その値が本当に我々の安全を確保するのかということは言えない現実があることを知っておく必要があろう。

心配は他にもある。基準値を設定している農薬は一部であり、設定のない農薬はいくら残留してもフリーパスであること。農産物以外の魚介類、畜産品、乳製品は農薬残留が考慮されていない。残留農薬の総量規制は全く考慮されていない。これは各農産物のＡＤＩは基準内であっても、いくつかの食品の残留農薬をトータルするとＡＤＩを超えることが出てくる問題である。また健康な成人を基準にしてＡＤＩが決められていることから、病人や子どもの食生活は考慮外にあるなど、課題が多いのである。

10.4 化学合成物質の被害

天然に存在しなかった化合物が化学の力で合成されるようになり、その数は700万種とも800万種と言われているが、これより一桁多いと言う人もいる。世界で日常的に使用されている化学合成物質だけでも10万種に達すると言われており、さらに毎年500～1000種が追加されている。

これらの化学合成物質は、人も含むすべての生物にとって進化の歴史の中で全く未知の物質であり、安全性、毒性について必ずしも万全とは言えない段階で製品化されているのが現状である。化学物質のうちの80％は毒性についての情報がなく、慢性毒性や変異原性といった子孫の未来にかかわる情報のための実験は、さらにごく一部しか行なわれていないとされている。

私たちの知らない間に人体に有害な化学物質が入り込んでいる現実のなかで、ダイオキシン、PCB、農薬、あるいは揮発性有機化合物が大気や土壌、水を汚染し続けている。化学合成物質のもたらした生活の利便性の恩恵を否定することはできないが、もう少し慎重な接し方と対応が必要な時期に来ていると言えよう。

超微量で発症する化学物質過敏症

　化学物質過敏症は、ある化学物質に一度触れると、その次は100万分の1から1兆分の1といった超微量でも同様の反応が起きる。反応の起きる量は、一般的な中毒症状やアレルギーの量に比べて格段に少ないのが特徴である。

　化学物質過敏症について北里大学の石川・宮田らは次のように定義している。「特定の化学物質に接触し続けていると、後にわずかなその化学物質に接触するだけで、頭痛などの症状が発症する状態が化学物質過敏症」。またその原因としては、「過去に多量の化学物質に暴露されたことで、体の耐性限界を超えてしまったこと。ただ原因となる物質は、特定の物質ではなく、すべての化学物質が原因となる可能性を有している」としている。

化学物質過敏症とアレルギー症

　化学物質過敏症とアレルギー症は、よく似た共通部分と異なる点のあることが知られている。共通点は、ある程度の量の化学物質に曝露されて、一度過敏性になる（感作）と、その後は超微量の化学物質に曝露されても発症する（発作）。つまり感作と発作の2段階で発症する。また同じように曝露されても、「発症する人としない人」というように個人差が大きい。

　両者の異なる点を見ると、アレルギー症は免疫反応によるものであり、化学物質過敏症は自律神経系への作用が中心と考えられており、また免疫系や内分泌系もかかわっていると言われている。

　またアレルギーでは発症と物質の関係が一定であるが、化学物質過敏症

では人によって発症する物質と症状が異なっている。例えば、アレルギー症である花粉症は、スギ花粉によってアレルギー性鼻炎、気管支喘息、アレルギー性結膜炎などが共通して出るが、発汗異常などの自律神経系の症状は出ない。一方、化学物質過敏症では、様々な症状が出ることと、原因となる物質が確認されているだけでも数十種類もある。

　化学物質の使用が日本よりも長いアメリカでは、10人に1人程度が化学物質過敏症との報告がある。日本では調査が少なく正確にはわからないが、研究者によると、アメリカと同程度はいるが「更年期障害」や「精神疾患」と扱う場合や、原因不明と放置されている場合が少なくないと言われている。

　また症状の出る濃度で見ると、中毒はミリグラム（1/1000 gのレベル）であり、アレルギーはもっと低いマイクログラム（1/100万 g）のレベルで起きるが、化学物質過敏症はナノグラム（1/10億 g）やピコグラム（1/1兆 g）の桁外れに低い濃度で症状が出る。いくら低濃度の化学物質でも、しばしば曝露を受けると健康に害が出るということである。一度に大量の化学物質にさらされるだけでなく、微量で長期間という条件でも、ある時期からその化学物質に過剰な反応を示すようになることがある。さらに他の物質に対しても反応する場合もある。

　厚生省（当時）の1992年の報告によると、日本国民の35%がアレルギー様の症状を訴えており、その数は年々増加傾向にあるという。したがって、常に化学物質による影響を考慮しておく必要がある。

　近年のこのようなアレルギー様症状の増加の背景には、現代人の体質変化も考えられる。加工食品や調理済み食品の普及によってビタミンやミネラル分の不足、食品添加物などの化学物質が多量に体内に取り込まれ、免疫機能が低下していることなどが考えられる。

シックハウス症候群

　近年日本では、新築や改築したばかりの家やマンションに住みはじめた

ら、飼っていた金魚や熱帯魚さらに小鳥までが死亡したという例を聞く。さらに喉の痛みや目がチカチカする、鼻が乾く、鼻水が止まらなくなるなどアレルギー的症状が出る。さらには、頭痛やめまい、耳鳴り、不眠の症状が出るなどして体調がおかしくなるケースがある。

　このような病気を、「シックハウス症候群」とか「新築病」と言うが、各地でこのような症状の出る人が増加し、社会問題になりつつある。「〇〇症候群」は英語では「シンドローム」と言うが、心や体に前述のようないくつかの異常な症状が出ても原因がはっきりしない、あるいは複数の原因が考えられるときに仮につけられる病名である。シックハウス症候群と診断する基準がまだ決まっておらず、その原因や体の中での仕組みもよくわかっていない。

　アメリカでも新しいビルや新築住宅で同じような症状を示す人が見つかっており、化学物質過敏症候群、あるいは多発性化学物質過敏症候群（MCS）として扱われている。シックハウス症候群は化学物質過敏症の一種であり、室内の化学物質が原因で起きたものを言う。ダニ、カビ、ハウスダストなどが原因で起きているものは、アトピーなどのアレルギーに含めて扱う。

　近年建てられた家には多種類の化学物質が使われており、家の壁や床に使われる材料や塗料、接着剤に含まれる化学物質や有機溶剤、防カビ剤などがある。また食器棚、タンス、書棚などの家具、カーペット、畳、洗剤、化粧品、洋服などにも多種類の化学物質が含まれる。これらの化学物質の中で、家の中に気体や微粒子状で漂っている化学物質がシックハウス症候群の原因と考えられている。現在まだ十分に原因が解明されていないということもあって、規制のない化学物質や規制が十分でない物質も少なくない。

　化学物質は、温度や圧力の変化などで自由に固体から気体、気体から固体や液体に構造を変えることができる。したがって、化学物質過敏症を起こすいろいろな化学物質は、部屋の温度や湿度条件によって構造を変え、

本来の役割を果たすこともあるが、ヒトに害を与える場合もある。この問題の解決のためには、どんな物質がどこにどう使用され、どのように人体に影響を及ぼし、どんな病気を引き起こす可能性があるのか、「くらしの中の化学物質」を調査する必要がある。その結果から、化学物質過敏症の症状が出る前に原因物質を取り除き、健康を確保する必要がある。

　我々は便利な生活をするために多くの化学物質をつくり使ってきたが、その結果として野生生物をはじめ人間や自然環境への多くの害が出てきている。とくに子どもや老人、病気で抵抗力のない人は、健康な人よりはるかに微量でも低濃度でも影響を受けることがわかってきたことから、化学物質との付き合い方を考え直す必要がある。

　シックハウス症候群をアメリカではシックビルディング症候群と言っている。シック（sick）は病気、ハウス（house）は家の意味であり、これに症候群（syndrome）「さまざまな症状が現れる」がついた言葉である。つまり「家が原因で起きるさまざまな症状の病気のこと」である。この病気はアメリカのビルの中で見つかり「シックビル症候群」と呼ばれた。日本ではビルよりも個人住宅でこの症状の健康障害が出てきたことから「シックハウス症候群」と言われている。

　最近、日本の個人住宅でシックハウスがなぜ発生しているのかというと、家のつくり方や素材の変化、冷暖房や燃料の変化が関係していると言われている。

　燃料が薪や炭、練炭などからガスコンロ、ガスストーブ、石油ストーブなどに代わり、換気装置もつけられているが、まだガスや石油から出る燃焼ガスは部屋の中から完全には除去されていないことがある。また家の壁や床、天井と家の中は合板やプラスチックに囲まれ、それらには化学物質の接着剤や塗料が使われている。一方で住宅の窓にはアルミサッシが使われ、気密性が高くて湿気が逃げ難く、カビやダニ、さらに感染性の菌類の繁殖に適した環境になっている。このようなことがシックハウス症候群という新たな病気の原因になっていると考えられている。

現在の住居の多くは、壁や天井に抗菌剤や難燃剤を使ったビニールクロスや、ホルムアルデヒドを使用した合板と接着剤が使われている。床材や柱などの木材には防腐剤、防カビ剤、さらにシロアリ対策としての殺虫剤も使われていることが多い。畳にはダニを防ぐための防虫加工が行なわれており、家具でも同様な加工がされ、カーテンにも抗菌処理や難燃処理が行なわれており、家中が人体に有害な化学物質で充満している（表10.2）。

　建材やカーテン、畳に含まれる化学物質は気体になりやすいものが多く、さらに人体に異常を起こす物質が含まれるためにシックハウス症候群のような病気が発生しているのである。これらの化学物質が部屋に出てくる量は低濃度であり、これまで問題にならないと考えられていた量である。しかし、合板中や壁用ビニールクロス、壁紙の接着剤に含まれるホルムアルデヒドや有機溶剤は蒸発して室内に出るし、木材の防カビ剤や殺虫剤も蒸発してくる。ペンキやラッカーが塗られた家具や床からも有機溶剤が蒸発してくる。電気蚊取り器のマットやタンスの防虫剤から気体や微粒子状の農薬が発生し、ドライクリーニングされた洋服からは洗浄剤が出てくるなど全体の量は増加している。これらの物質が室内に充満して呼吸を通して体内に入り、被害を出しているのである。

表10.2　短期的にホルムアルデヒドにさらされた後の人体への影響
（大竹，1999より）

影　　　響	ホルムアルデヒド濃度（ppm）	
	推定中央値	報告値
臭い検知閾値	0.08	0.05–1
目への刺激閾値	0.4	0.08–1.6
喉への炎症閾値	0.5	0.08–2.6
鼻・目への刺激	2.6	2.3
催涙（30分耐えられる程度）	4.6	4.5
強度の催涙（1時間止まらない）	15	10–21
生命の危機，浮腫，炎症，肺炎	31	31–50
死亡	104	40–104

シックハウス症候群の原因物質

工業製品：家の建材としての天井、壁、床、畳、さらに塗料や接着剤の中にも化学物質が含まれる。家具や絨毯（じゅうたん）、カーテン、ソファーなどに使われている塗料、防ダニ加工や抗菌剤も化学物質であり、ヘアスプレーや香水、芳香剤、衣料用防虫剤、抗菌剤もすべて化学物質が使用されている。

薬：家庭で意識せずに使用している農薬として電気蚊取り器、殺虫スプレー、ダニ駆除剤、掃除機の中に装着するゴミ袋（抗菌、殺ダニ剤で処理されているものがある）、防ダニ（防虫）シート、さらにシロアリ処理などがある。シロアリ駆除剤で処理すると「5年間はゴキブリも出ない」と宣伝しているが、それだけ効力が持続し人間の健康にも害が出るのである。ところが、困ったことに住宅金融公庫の木材住宅仕様書にはシロアリ駆除をするように指示がある。しかしシロアリ駆除剤は、農薬取締り法にも、化審法（化学物質の審査及び製造等の規制に関する法律）による取締りにもかからない野放し状態にあると言われており、問題がある。ただ最近は、ヒノキやヒバなどの耐蟻性の高い材木の芯材を使うことも選択肢の中に加えられるようになった。

シックハウス症候群の問題でまず出てくるのは、ホルムアルデヒドであり、室内では気体になっていて、呼吸によって人体に取り込まれる。これは動物標本保存用に使われるホルマリン（ホルムアルデヒドを水に溶かしたもの）と同一の性質である。ホルムアルデヒドは建材の合板や壁紙、床のフローリング、家具の接着剤などに広く使われている。皮膚や粘膜に対する刺激作用が強く、呼吸器障害、中枢神経障害の原因にもなり、発がん性もあると言われている。

また最近、環境ホルモンの疑いがあるとされるフタル酸2エチルヘキシル（DEHP）、フタル酸ジブチル（DBP）などは、プラスチック類、特に塩化ビニールに多量に使用されており、室内にも粒子状になって漂って

いると考えられている。またプラスチックの溶剤や香料の原料に使われる酢酸ブチルや酢酸エチルも問題である。

ドライクリーニングに使用されるテトラクロロエチレンも、クリーニングから戻ったばかりの状態では衣類に残っていて問題になることがある。身近に使用されている防虫剤や、トイレボールのパラジクロロベンゼンやナフタリンも粘膜刺激作用があり、血液障害を起こす。

これまで新築病として個人住宅中心の話をしてきたが、マンション、ワンルームマンションもほとんど同じような建材が使用されており、とても安心できる状態ではない。新築ワンルームマンションの床のクッションフロアや壁の接着剤の臭いが1カ月たっても消えず、「体がだるい、咳が出る」などの症状が続くなどのケースもある。ホルムアルデヒドは時間経過とともに室内濃度は低下することが明らかであるが、WHOの基準値内（0.08 ppm）になるまで2年はかかる。

国土交通省はシックハウス症候群の対策として、ホルムアルデヒド、トルエン、キシレン、エチルベンゼン、スチレンの5種類を対象に、化学物質がどれくらい放散されているかの数値を住宅性能表示制度の項目として追加することを決めた。新築の内装工事が完了後、窓や扉を5時間以上閉めて空気を採取、測定し、含まれる物質名、濃度、採取月日、測定者の名称などを表示する。しかしこの制度では解決せず、換気扇の取り付けなどで対応しているのが現状である。

シックハウス症候群、化学物質過敏症を予防する方法
①まず点検する

まず重要なのは生活の点検をして原因を取り除くことが重要である。シックハウス症候群も化学物質過敏症も家の中の化学物質が原因であり、新築の家やマンションに引っ越したり、家庭用の殺虫剤の使用やシロアリ駆除の後に発症することが多い。そこで新築住宅に入る場合は、あらかじめ化学物質の濃度を測定してもらうか、部屋の温度を上げて換気を良くして

化学物質を揮発させて除去するのが効果的である。

②頻繁に換気する

化学物質を除去する最も簡単な方法は、頻繁に換気して部屋の空気を入れ替えることである。ただし、換気扇を回すだけでなく、取り入れ口と吹き出し口と部屋の中の空気に流れができるようにするとともに、扇風機を回して部屋の空気をかきまわすと良い。

③身体の防御反応を強くする

アレルギー様症状の増加は、日常生活の中で周囲に化学物質が増えてきたことと、精神的・肉体的なストレスが多くなっていること、屋外よりも屋内にいる時間が増加していることなどが原因と考えられている。身体の防御反応を高めるには、規則的な生活で十分な睡眠をとる、適度な運動をする、食事もできるだけ規則的にきちんとした食事をとる、ストレスを避ける、などが上げられる。我々の身体は優れたセンサーになっていることから、目、鼻、皮膚で敏感にキャッチして異変に気づいて回避することが重要である。

【引用・参考文献一覧】

第1章
1）沼田真編『生態学辞典』築地書館（1974）
2）伊藤嘉昭・山村則男・嶋田正和『動物生態学』蒼樹書房（1992）
3）伊藤嘉昭・桐谷圭治『動物の数は何できまるか』NHKブックス（1971）
4）松本忠夫『生態と環境』（生物科学入門コース7）岩波書店（1993）
5）埴原和郎『人類進化学入門』中央公論社（1972）
6）綿抜邦彦編著『100億人時代の地球──ゆらぐ水・土・気候・食糧』農林統計協会（1998）
7）A．S．ボウヒー著・高橋史樹訳『個体群の生態学入門』培風館（1974）
8）内田俊郎『動物の人口論──過密・過疎の生態をみる』NHKブックス（1972）
9）内田俊郎「2種のマメゾウムシの間にみられる種間競争」『個体群生態学の研究，I』（1952）
10）宮地伝三郎・森主一『動物の生態』（岩波全書）岩波書店（1953）
11）樋口広芳「種と種分化」（日本鳥学会70周年記念『現代の鳥類学』）朝倉書店（1984）
12）日高敏隆編『動物行動の意味』東海大学出版会（1983）
13）デイヴィド・マクファーランド編、木村武二監訳『オックスフォード動物行動学事典』どうぶつ社（1993）

第3章
1）大坪政美「国土・環境保全と水田の機能」(㈱福岡県自治体問題研究所・日本科学者会議福岡支部編『コメ問題を学ぶ──生産者と消費者の連帯を求めて』）自治体研究社（1994）
2）日鷹一雅・中筋房夫『自然・有機農法と害虫』冬樹社（1990）
3）桐谷圭治編『田んぼの生きもの全種リスト（改訂版）』農と自然の研究所（2010）

第4章
1）新島渓子「森の宝物──土壌動物」(㈱日本林業技術協会編『森林の100不思議』）東京書籍（1988）
2）只木良也「森林生態系というもの」（只木良也・吉良竜夫編『ヒトと森林──森林の環境調節作用』）共立出版（1982）
3）大谷義一「冷房完備の森の中」(㈱日本林業技術協会編『森林の100不思議』）東京書籍（1988）
4）吉良竜夫『自然保護の思想』人文書院（1976）
5）樫山徳治「森林と風」（大政正隆監修、帝国森林会編『森林学』）共立出版

(1978)

6）谷田貝光克『森林の不思議』現代書林（1995）
7）谷田貝光克「健康の源——森林浴」（㈳日本林業技術協会編『森林の100不思議』）東京書籍（1988）

第5章

谷口正次『資源採掘から環境問題を考える——資源生産性の高い経済社会に向けて』（国連大学ゼロエミッションフォーラムブックレット）海象社（2001）

第6章

中村稔・市川治「酪農バイオガスシステム導入の経営経済的評価に関する一考察——宮崎県高千穂牧場を対象に」（「酪農学園大学紀要　人文・社会科学編」）（2008）

第7章

1）大川匡子・内山真「生体リズムとメラトニン——睡眠障害との関連で」（川崎晃一編『生体リズムと健康』健康の科学シリーズ10）学会センター関西（1999）
2）黒田洋一郎・木村-黒田純子『発達障害の原因と発症メカニズム——脳神経科学の視点から』河出書房新社（2014）

第8章

1）安東毅「輸入米の安全性を考える」（㈳福岡県自治体問題研究所・日本科学者会議福岡支部編『コメ問題を学ぶ——生産者と消費者の連帯を求めて』）自治体研究社（1994）
2）青山貞一「「『廃棄物焼却主義』の実証的研究——財政面からのアプローチ」（『武蔵工業大学環境情報学部紀要』第五号）（2004）
3）足立礼子著、池上幸江監修『環境ホルモンから身を守る食べ方——大部分は食べ物から体内へ』女子栄養大学出版部（1999）
4）原田幸明・醍醐市朗『図解　よくわかる「都市鉱山」開発——レアメタルリサイクルが拓く資源大国への道』日刊工業新聞社（2011）
5）宮田秀明『よくわかるダイオキシン汚染——人体と環境を破壊する猛毒化学物質』合同出版（1998）
6）長山淳哉『しのびよるダイオキシン汚染——食品・母乳から水・大気までも危ない』（ブルーバックス）講談社（1994）
7）髙木善之『知ってるつもりの地球、ホントは？　身近な環境問題』（地球環境ファミリーシリーズ6）栄光社（2008）

第9章

1）アレクセイ・V.ヤブロコフ他著、星川淳監訳、チェルノブイリ被害実態レポート翻訳チーム訳『調査報告　チェルノブイリ被害の全貌』岩波書店（2013）
2）嵯峨井勝『PM2.5、危惧される健康への影響』本の泉社（2014）

3） ジェネスグループ『パーフェクト図解！eco 検定 合格ブック』日本実業出版社（2010）
4） 綿貫礼子編、吉田由布子／二神淑子／リュドミラ・サァキャン著『放射能汚染が未来世代に及ぼすもの──「科学」を問い、脱原発の思想を紡ぐ』新評論（2012）
5） ユーリ・Ｉ・バンダジェフスキー著、久保田護訳『放射性セシウムが人体に与える医学的生物学的影響──チェルノブイリ原発事故 被曝の病理データ』合同出版（2011）

第 10 章
1） 有賀祐勝「生態」太田次郎他編『生物学ハンドブック』朝倉書店（1987）
2） 安東毅「輸入米の安全性を考える」(社)福岡県自治体問題研究所・日本科学者会議福岡支部編『コメ問題を学ぶ──生産者と消費者の連帯を求めて』）自治体研究社（1994）
3） 小倉正行『これからわかる輸入食品のはなし』合同出版（2000）
4） 大竹千代子『身近な危険化学物質を知ろう』小峰書店（1999）

河内俊英（かわち・しゅんえい）宇都宮大学農学部農学科卒業、農学博士（九州大学）元久留米大学医学部准教授、現在、久留米大学非常勤講師専門：昆虫生態学、環境科学。主な著作：単著「環境先進国と日本」（自治体研究社）、「生き物の科学と環境の科学」（共立出版）、共著「集団生物学入門」（共立出版）、「動物の生態と環境」（共立出版）、「子どもをめぐる現在」（九州大学出版会）、「共に生きるための医療」（九州大学出版会）「環境展望4巻、5巻」（実教出版）など

生き物の環境科学

■

著者　河内俊英

■

2015年5月15日　第一刷発行

■

発行者　西　俊明

発行所　有限会社海鳥社

〒812−0023　福岡市博多区奈良屋町13番4号
電話092(272)0120　FAX092(272)0121
http://www.kaichosha-f.co.jp

印刷・製本　大村印刷株式会社
ISBN978-4-87415-942-2
［定価は表紙カバーに表示］